手洗いの疫学と
ゼンメルワイスの闘い

玉城英彦

人間と歴史社

はじめに

　イグナッツ・フィリップ・ゼンメルワイス（Ignaz Philipp Semmelweis, 1818〜1865）は1844年に、ウイーン大学医学部を卒業したハンガリー生まれの医師です。さらに1846年に、当時世界の医師や研究者らの誉の場所であったウイーン総合病院の産科第一病棟にヨハン・クライン教授の助手（現在のチーフレジデント）として採用され、妊産婦の診断や治療の他に病理解剖に明け暮れていました。

　産科病棟においては、生命誕生という本来祝福されるべき若い母親たちが大勢、原因不明の病気（産褥熱）で亡くなっていました。その状態は長年続いている病棟のふつうのことであったので、医師や関係者だれもそれに疑問を唱える人はいませんでした。出産に伴う死は神に召されたものであり、人間の業の及ぶところではないと考えられていました。

　しかし、ゼンメルワイスは違いました。まず、産科第一病棟と第二病棟との間で産褥熱の死亡率に大きな差があることに気づきました。それに気づいたのは彼が初めてではありませんでしたが、いずれにせよ、そのことが彼の運命の悲劇の始まりでした。その時もちろん、彼にこれから来るべきものを知るよしもありませんでした。

　一方で幸いなことに、疫学的研究に必要な理想的なセッティングが彼に準備されていました。第一病棟と第二病棟は環境、その他のあらゆる条件においてすべて同じでした。一つの例外を除いて……。

　第一病棟に入院すると産褥熱に罹って死ぬ確率が高くなることをウイーン市民にまで知られていました。実際、ウイーン市内の路端で出産するよりも、世界有数のウイーン総合病院で出産する方が産褥熱で亡くなる割合が高かったのです。若い妊婦は出産日を自分で決められません。入院日によってそれぞれの病棟に自動的に割り当てられました。したがって、入院時に、ぜひ第二病棟に入院させてくださいと看護師に泣きながら懇願する妊婦も少なくありませんでした。

　でも、若い女性には病棟を選ぶ選択肢は与えられていませんでした。

4

　ゼンメルワイスは勤務医として3年が経過しました。大勢の若い女性の死亡という重々しい事実の他に、病棟の裏の解剖室には多くの遺体が横たわって、剖検の順番を待っていました。医師や医学生は遺体となった若い妊産婦の病気の原因を探索すべく、早朝から病理解剖に没頭していました。彼らが仕事に熱心ということではなく、それは彼らにとって出勤前のルーティンに過ぎませんでした。メスを入れる遺体も病理解剖する部屋も異様な臭気に包まれ、非常に耐えがたいものでした。でも彼らも自ら、それから逃れることはできませんでした。

　ゼンメルワイス自身、解剖に没頭していました。その仕事を終えてまっすぐに病棟に行って、教授回診の前に妊産婦の診察と診療、および学生指導を行なっていました。それも日課です。若い女性に耐えられないぐらいの悪臭を、ゼンメルワイスも学生も病棟で漂わせていましたが、彼女らにはそれに不満を言える権利もありませんでした。

　しかしながら、ゼンメルワイスはその忙しい日常の中でも、第一病棟で若い女性がバタバタ死んでいくことに不安を覚え、自分がそれに何か関与しているのではないかとさえ思うようになってきました。この第一病棟での出来事はもう数十年も続いていることで最近のものではありません。また出産という神聖な行為は神の審判にかかるもので、私たち人間にはどうすることもできないものだ、というのが一般的な考え方でした。

　ゼンメルワイスは悩みに悩んだ後に、ついにその原因究明に乗り出しました。彼の行動は、病院関係者や、とくに教授クラインにとっては歓迎すべかざるものでありました。ゼンメルワイスは29歳でした。

　教授の反対を押し切ってまでも、ゼンメルワイスは第一病棟での産褥熱による妊産婦の高い死亡率の原因究明に乗り出しました。疫学は概して比較の学問です。比較する２群の環境が、研究課題以外のものにおいて、すべて同じであることが理想的です。幸いに、ウイーン総合病院には疫学的に理想的な対照としての第二病棟が存在しました。また疫学研究に必要な長年の過去のデータも病院には保管されていました。

　そして、ゼンメルワイスは緻密でしつこく、粘り強いマジャール人気質を両親から受け継いでいました。その粘り強い性格を以って、彼は古代からの難題に挑戦していきました。

　その時、世界の医学領域では新しいパラダイムが水面から顔を出そうと

していました。しかし、それが沸点に達するまでには、あと十数年が必要でした。つまり、ゼンメルワイスは病気の原因が病理学説から細菌説に移る、転換期に生まれ活動していました。彼が診療実践していた1847年ごろは、その過度期、パラダイムシフトのまっただ中にありました。

権威者は、大家は古いパラダイムにしがみつき、新しいパラダイムの出現を怖がります。クライン教授もその例に漏れず、保身のためにいろいろな方法をもってゼンメルワイスの仕事を妨害しました。クライン教授は一面、彼の研究成果に怯えていた節があります。弱冠29歳のゼンメルワイスはこのような既成の権威や支配者集団に反対されても、自分の信念を一心に推し進めました。雑音には気も留めず、また解雇という危機に曝されても、妊産婦を救うという彼の基本はぶれませんでした。

最終的に、彼はその犠牲を払わなければなりませんでしたが、それはあまりにも大きく自分の力だけではどうすることもできるものではありませんでした。しかしながら、自分の信念を曲げるどころか予防できるという確信とともに、ゼンメルワイスはさらに活動の領域を広げ、あたかも神に呪われたかのように医師や医学生に手洗いを徹底させて、多くの妊産婦の命を救いました。彼のこの徹底さがなければ、予防介入は中途半端に終わり、後生に残るような成果は期待できなかったであろう。でも残念ながら、彼の考えを受け入れるほどに社会はまだ熟していませんでした。パイオニアの悲劇というのは往々にして、このようなパラダイムの狭間において起こるものです。ゼンメルワイスの場合も例外ではありませんでした。

ゼンメルワイスは今でこそ「感染防護の父」「母親の救世主」と呼ばれていますが、彼の人生は極めてドラマティックでかつ悲劇的なものでした。中国の歴史書には、人の功績は死んだ後に初めて正しく判断されると、つまり「棺を蓋いて事定まる（蓋棺事定）」と、いう言葉があります。ゼンメルワイスの性格に負うところも多々ありますが、彼の生前には、個人的な利害関係が多くありすぎて、彼の仕事を正当に評価できる環境にはありませんでした。

「疫学の父」、イギリスのジョン・スノーと同じ歴史的な時期に活躍したゼンメルワイスですが、前者ほど有名ではありません。疫学が主としてWade Hampton Frostらのアメリカの科学者によって世に紹介されたため、ドイツ語圏のゼンメルワイスにはなかなか日が当たらなかったのかもしれ

ません。しかし彼の仕事はスノーのものに勝るとも劣らないし、私たちは彼の仕事から、そして生き方から多くの教訓を学ぶことができます。

　本書は一人の疫学者、私の視点からのゼンメルワイスの悲劇の物語を生誕から時系列に沿って検証したものです。理想的な疫学研究の場がゼンメルワイスに提供されたことは、偶然であったにしても、彼には彼なりにその幸運を呼び込むだけの秘めた実力があったからであろう。すなわち、その機会をチャンスに変えるだけの心の準備ができていたのです。だからこそ、苦しい環境の中でも、後生に残る予防医学の金字塔を打ち立てることができたのです。彼の人生は悲劇でしたが、この産褥熱の予防に関する研究においては成功しました。さまざまな事実を積み上げて、想像を駆り立てて、長い間に亘って若い女性を苦しめてきた産褥熱を効果的に予防することに世界で初めて成功することができました。それ自体は一方で、「成功物語」と言えるかもしれません。

　現実にパラダイムシフトの期間には、予測不能なさまざまな困難が立ちはだかります。この困難に叩きのめされたのがゼンメルワイスですが、病棟での医療従事者に「手洗い」を義務付けることで産褥熱による死亡率を激減させるという不滅の業績を残しました。彼の足跡は、現代の私たちにも非常に参考になります。

　本書は「手洗い」という介入方法の発見から悲劇的な死に至るまでのゼンメルワイスの歴史的なストーリーです。本著がとくに疫学、公衆衛生学、予防医学、看護学、医学史学、そして社会イノベーション全般などへ誘う第一歩となり、多くの若ものがこれらの領域に関心をもっていただければ筆者の望外の喜びであります。

著者

手洗いの疫学とゼンメルワイスの闘い
目次

はじめに

第1部　ゼンメルワイスの闘い　*11*

第1章　感染症と手洗い　*12*

国連の国際衛生年：2008／衛生は人間の基本的尊厳と人権
10月15日は国連の「世界手洗いの日」／「ミレニアム開発目標」から「持続可能な開発目標」へ
手洗いと感染症予防／手洗いと手指衛生
手洗いと宗教／手洗いと文化
清潔な手が"いのち"を救う／産褥熱の原因
真実に迫る―「疫学」の視点／予防という「青い鳥」

第2章　産褥熱の悲劇　*31*

悲劇のはじまり／18歳の恋と妊娠
第一病棟へ運べ／世界一の産科病棟
帰らぬ人に／医師の汚れた手
死にいたる病―産褥熱

第3章　ゼンメルワイスの闘い　*43*

来歴／少年時代／
学生時代／ロキタンスキーに病理解剖を学ぶ
スコダに診断・予防を学ぶ／ヘブラに皮膚学を学ぶ
産婦人科医へ／病理解剖に没頭
汚れは誇りの象徴／医学研究のメッカ・ウイーン総合病院
避難所であり家でもあった産科病棟／統計データで実証
医学界最大の問題―産褥熱／アカデミック・ハラスメント
産褥熱との闘い／悲劇のはじまり
死亡率の差を定量化／仮説の展開と消去
ミアズマ（瘴気）説／科学と権威への挑戦
流行病を否定／原因は病棟内にある
悪い噂／司祭が鳴らすベルの音
留学生の粗雑な診察／病棟の環境(1)
病棟の環境(2)／出産の違い
新生児の死／原因究明調査委員会の設立
誤った結論／病理解剖の導入
死亡率の変遷／生体からの感染
友人・ヤコブの死に確信／大発見へのプレリュード
原因物質の究明／サラシ粉の導入で激減
手洗いを推進／不幸をチャンスに
ひらめきと洞察力／悲運の連環
失意の帰国／落胆と失望
大学教授不採用／人生の新たなチャプター
つかの間の幸せ／論文が医学誌に掲載
本を出版／反論者への容赦ない攻撃

届かぬ想い／精神の変調
ウイーンに死す／ゼンメルワイスの悲劇
本意は予防方法の普及／医学界から孤立
ある産科医の自殺／保守延命の犠牲
悲劇の要因／怠った持続的活動
残された6つの教訓／検証—ゼンメルワイスの研究手法
対照実験の欠落／不透明な実験結果
新しい時代の幕開け／母親たちの救世主として
「感染予防の父」として

第2部　手洗いの疫学　145

第1章　グローバル化時代の手洗い　146

手洗いは人命救助／「消毒法」の提案
「消毒法」の開発／「消毒学の父」リスターの消毒法
「手洗い」の方法と種類／「手洗い」の現状と課題
グローバル化する院内感染／途上国のインパクト
注目されるエンパワーメント／必要な行動変容能力
一隅を照らす人びと／成功のための4Ds1M法
持続可能な3つの戦略／手指衛生の観察実験
「一隅を照らす人」の誇り／院内感染の減少化
実証された「手洗い」の効果／院内感染—これからの課題
院内感染と「疫学」の役割

第2章　「疫学」とは何か　176

疫学の先駆者たち／疫学の主題
疫学の定義／わが国のEBMの先駆者
疫学的根拠／人間味のある総合科学
疫学に必要な三つの視点／三つの目の連携
疫学の成否／近代医学のパラダイム

第3章　疫学の新たな展開 —— ゼンメルワイスから学ぶもの　193

病気は集団の中でランダムに分布している？／比較の学問
原因の情報は対策に必ずしも必要ではない／予防原則
介入試験／オリバー・ホームズの隻眼
新しいパラダイムの先駆者／意図しない疫学的介入実験
ゼンメルワイスは急ぎすぎた／疫学する心
疫学の未来／さいごに

参考文献
付録
資料

おわりに

イグナッツ・フィリップ・ゼンメルワイス

Ignaz Philipp Semmelweis 1818-1865
ドイツ系ハンガリー人の医師。産科病棟において診察前に手洗いをすることによって、当時流行していた産褥熱を予防できる方法を発見。1861年に『産褥熱の原因、概念、および予防』"Etiology, Concept and Prophylaxis of Childbed Fever"をドイツ語で著した。ゼンメルワイスは現在でこそ「消毒法の開拓者」「母親の救世主」と呼ばれるが、その業績が高く評価されたのは死後になってからだった。出典：https://en.wikipedia.org/wiki/Ignaz_Semmelweis

第1部
ゼンメルワイスの闘い

第1章
感染症と手洗い

国連の国際衛生年：2008

　医師ゼンメルワイスの壮絶な闘いを語る前に、彼の死後約150年の現在の水や衛生、手洗い、そして関連した感染症のグローバルな現状および課題について眺めてみよう。

　この150年の間、知識は膨大に増え、技術は急速に進歩しているものの、問題の本質はそのままで大きな変化がなく、苦しまなくてもよい人たち、特に子どもたちに大きなしわ寄せが今でも続いている。ようやく世界のリーダーも問題の重要性を再認識し、やっと重い腰をあげ、その解決に向けた世界的な取り組みが始まったばかりである。

　世界の首脳が集まる国連総会は2006年12月、2008年を「国際衛生年」にすることを採択した。これは、国連「水と衛生に関する諮問委員会」（座長：橋本龍太郎・元総理）が第4回世界水フォーラム（2006年3月、メキシコ）において、水と衛生問題の解決に向けた「行動計画」（Your Action, Our Action）の中で、2008年を「国際衛生年」とするということを受けて、国連総会で採択されたものである。この計画は現在「Hashimoto Action Plan」（橋本行動計画）と呼ばれ、「衛生」に加え、「関連の資金調達」「水事業体パートナーシップ」「モニタリング」「統合水資源管理」および「水と災害」の6分野からなり、各国政府や国連機関が取るべき具体的な行動を提案している。「橋本行動計画」は、水と

衛生分野におけるグローバルな課題を展開するうえできわめて重要なものである。そのことからいえば、この行動計画の旗振り役としてのわが国のこの分野における世界的貢献度は決して小さくない。

「水と衛生」の重要性、特に人間の健康や環境負荷などに対する重要性はWHO創設時（1948年）からもいわれていたが、それが「グローバルアジェンダ」（世界的課題）として世界的に注目されるようになったのは1992年、ブラジル・リオで開催された「国連環境開発会議」（地球サミット）においてである。そこで合意された「環境と開発に関するリオ宣言」を実践するための行動計画「アジェンダ21」の第18章では「水と衛生」が明記された。その後、「水と衛生」に関する問題は地球の持続可能な発展に関するグローバル課題の中でも重要な位置を占めている。

また衛生問題は、2002年の「持続可能な開発」に関する世界首脳会議、2003年の第3回「世界水フォーラム」、国連総会の決議に基づく「国際淡水年」（2003年）や「国際行動の10年：生命のための水（2005～2015年）」、フランス・エビアンでの主要国首脳会議（2003年）などにより、水問題に対する国際的な認識の高まりに呼応するものである。

衛生の改善のための1ドルの投資は、結果として健康や教育、社会経済の発展において9ドル、つまり9倍のリターンがあるとも推定されているにも関わらず、現在でも安全でない水や不十分な衛生によって、世界では毎日6,000人の人命が失われている。これはまさに受け入れがたい事実である。

衛生は人間の基本的尊厳と人権

この流れのなかで、「安全な水と基本的な衛生」の供給は国（特に開発途上国）の開発目標戦略の一環として、8つの「国連ミレニアム開発目標」（MDGs）の一つ、［目標7］（ターゲット7.C）のグローバルアジェンダにも規定されている。MDGsでは、安全な水と衛生（トイレなど）にアクセスできない人の数を2015年までに半分にするとしていた。

実際、安全な水にアクセスできない人の割合を"半分にする"という目標は5年前倒しで達成できた。そして1990年から2015年の間に26億人が

改善された水資源を利用できるようになり、改善された飲料水源の利用者はこの間に全世界の人口の76％から91％に増加した。しかし、地球の全人口の40％以上が"水不足"に悩まされ、この割合は今後増えることが予想されている。また現在17億人以上の人が、水の再生よりも利用のほうが多い河川流域に住んでいる。さらに、世界中で少なくとも18億人が下水で汚染された飲料水源を使っているといわれている。

一方で、21億人が改善された衛生を利用できるようになったが、MDGsの目標に届かなかった。いまだに野外排便を行なっている約9.5億人を含む、24億人が安全な衛生にアクセスできないでいる。毎日約1,000人の子どもが、水・衛生関連の予防可能な"下痢症"で死亡しているし、自然災害関連の死亡においても、食品と水関連の病気が約70％を占めている。

水と衛生は"手洗い"と直接関連しており、そして手洗いと感染症予防についてはこの本の主人公であるゼンメルワイスの時代にさかのぼる。1860年以降にはルイ・パスツールやロベルト・コッホが「細菌学」を確立し、"細菌がすべての病気の原因となる"という新しいパラダイムを誕生させた。いまでは"手洗い"の効果は明らかで、インフルエンザや下痢症、肺炎などのふつうの感染症からエボラ出血熱*などのような、稀ではあるが致命的な病気まで予防できる。わが国のような、清潔な流水がどこでも利用できる国では手洗いの効果だけが話題になるが、多くの途上国ではそれに加え、手洗いが価格的にもロジスティックにも手ごろな

ルイ・パスツール Luis Pasteur 1822-1895
フランスの化学者・微生物学者。予防接種や微生物による発酵、低温滅菌法（pasteurization）の原理を発見、狂犬病や炭疽病に対するワクチンを開発、病気の病原や予防の発見に貢献、ロベルト・コッホとともに微生物学の父と呼ばれる。産褥熱の予防にも貢献。5人の子供のうち3人をチフスで亡くしたことも病気に対する彼の研究の原点になっていた。私が15年以上住んでいたジュネーブから遠くないフランスのジュラ (Jula) の山の中の小さな町ドール (Dole) に生まれる。化学や数学、物理などの高等教育を受けた後、いくつかの大学の教職に就いた後、1887年パリに、パスツール研究所を創設し、終身所長を務めた。現在、29か国に32のパスツール研究所が創設され、地域の特有な病気の予防やワクチン開発などに関する研究の拠点となっている。1895年に亡くなった時に国葬が営まれ、フランスの著名人を納めるパリのノートルダム寺院に埋葬されたが、後日、パスツール研究所（博物館）の地下の遺体安置所に彼の研究の資料と妻のマリー・ローレント（Marie Laurent）とともに眠る。出典：https://en.wikipedia.org/wiki/Louis_Pasteur

ものであり、かつ利用しやすいものであるかどうかも非常に重要である。よって、手洗いの効果は健康に限ったものではなく、特に子どもたちの栄養や教育、公平性などの課題にまで及ぶ。衛生と手洗いは人間の基本的なニーズの一つであり、その尊厳にも関わるものである。

このように、安全な衛生へのアクセスは、経済発展と環境保護の要および人間のニーズの一つでもあると同時に、人間の基本的な尊厳と人権に関わる問題であるが見過ごされ、十分な対策が取られてきていないのが現状である。「国際衛生年」および「世界手洗いの日」の設定は、その重要性を国際社会に喚起し、MDGsの目標達成の起爆剤にしようとする狙いもあった。

> ＊エボラ出血熱：1976年スーダンとザイール（現コンゴ民主共和国）で発生したきわめて致死率の高いウイルス感染症。頭痛・筋肉痛・下痢・嘔吐の後、脱水症状を呈し、吐血・鼻出血・下血があって多く死亡する。病原はザイール北部エボラ（Ebola）川流域の患者から分離。国際伝染病の一つ。

10月15日は国連の「世界手洗いの日」

国際連合（国連）は、「国際衛生年」であった2008年から、毎年10月15日を「世界手洗いの日：Global Handwashing Day」と定めた。今さらの感がないでもないが、世界のリーダーたちが「世界手洗いの日」という特別の日を新たに設定する背景には、感染症予防に対する"手洗い"の重要性が再認識されてきていることがあると思われる。つまり、手洗いや衛生の効果は明らかであるが、個人のレベルでも政策のレベルにおいても、その重要性が認識されず、行動としての優先度が低いことにも一

ロベルト・コッホ　Robert Koch, 1843-1910
ドイツ生まれの医師。ルイ・パスツールとともに細菌学の創始者と言われる。結核菌、コレラ菌、炭疽菌の発見、細菌の純粋培養法の確立、病原菌がある病気の原因である条件（原則）を提唱（コッホの原則）。1905年に医学・生理学のノーベル賞を受賞。ベルリンにあるロベルト・コッホ微生物研究所において北里柴三郎や森林太郎など多くの日本人研究者を育てた。1908年奥さんとともに北里の招きで来日。現在の北里研究所（私の母校北里大学はこの研究所創立50周年記念事業として設立）にそれを記念してコッホ祠が建立された。北里の死後、コッホ北里神社となり、北里研究所の守護神として篤く祀られている。私はこの神社に守られながら毎日登校したものだ。出典：https://en.wikipedia.org/wiki/Robert_Koch

因がある。

　基本的な衛生に対するアクセスを促進する活動は遅延し、不十分で、健康や貧困根絶、社会経済発展、そして環境、特に水資源への影響を考慮するときわめて深刻な問題である。「世界手洗いの日」は病気を予防し、生命を救う、簡単で効果的でかつ手ごろな方法である石けんなどによる手洗いの重要性を周知し、理解を高めるように特別に設定された1年に1回の世界的なキャンペーンである。「手洗いのための公私グローバルパートナーシップ」（Global Public-Private Partnership for Handwashing：GPPPH）は、毎年10月15日を「世界手洗いの日」と設定し、必要な時に石けんで手洗いすることを人々に推奨している。

　院内感染予防において、重度に"汚れた手"を防腐剤で洗うことは、流水と石けんによるふつうの洗浄よりも効果があることの証拠を提示することは重要であるが、それだけでは不十分で、感染予防を成功裡に終わらせるためには、それに関連するすべてのプロセスや要因を詳細に吟味する必要がある。すなわち院内感染予防・対策を成功に導く要因は、院内感染の事実を関係者で認識し、関連の情報を説明・共有、感染率を減少させるための介入を実践、耐性菌の発生を制御する一連のプロセス全体に関わるものである。

　実際、ゼンメルワイスは病院に"手洗い"を導入したが、学生や医療従事者の保健行動の変容を持続させることには失敗している。彼がそれを怠った原因についても後述するが、その後、社会学的な行動変容を含めた感染防御に必要な一連のプロセス全体が再現され、院内感染対策に成功した事例は少なくない。彼は、手洗い、手指衛生の父と見なされているだけではなく、実際にそれを用いた介入方法は感染予防の疫学的戦略を確立するモデルの一つにもなっており、「疫学の父」ジョン・スノーの業績に勝っても劣るものではない。

「ミレニアム開発目標」から「持続可能な開発目標」へ

　上に述べたように、「安全な水と基本的な衛生」は極度の貧困と飢餓の撲滅などの目標と同じように、2015年までに安全な飲料水および衛生

施設を継続的に利用できない人々の割合を半減するために、国連「ミレニアム開発目標」（MDGs）の［目標7］「環境の持続可能性確保」のターゲット7.Cのグローバルアジェンダの一つとして、国際社会が一体となって取り組んできた。

改良飲料水源を利用できない人の割合を半減するという「飲料水に関するターゲット」は2010年の時点で達成した。1990年に24％であったものが、2015年には半分以下の9％に減少した。一方、改良衛生施設を利用できない人の割合を半減するという「衛生施設に関するターゲット」は達成できなかった。つまり、1990年の46％から2015年には32％までしか減少させることができなかった。

このような状況の中で、世界のリーダーおよび人々は、安全な水と衛生に関する問題の重要性を再確認し、グローバルアジェンダとして引き続き取り組んでいくことを決意している。それはポストMDGs、つまり2015年以降のグローバルアジェンダ「持続可能な開発のための2030アジェンダ」の中に明確に位置づけられている。国連の「持続可能な開発目標」（SDGs：Sustainable Development Goals）の17の目標（ゴール）のうち、6番目のゴールが「きれいな水と衛生へのアクセス」である。「安全な水とトイレをみんなに」（Ensure access to water and sanitation for all）というキャンペーンのもとに、2030年までに各国に、すべての人に水と衛生へのアクセスと持続可能な管理を確保するように義務付けている。

2015年までの目標であるMDGsにおいて、全世界の人々の安全な水とトイレへのアクセスは上昇したものの、気候変動の影響による地球温暖化により、安全な飲み水の供給量減少はますます深刻化している。2050

ジョン・スノー　John Snow　1813-1858
イギリス・ヨーク生まれ。麻酔医。ロンドン・ブロードストリートでのコレラの流行調査・対策（ドットマップによる患者の集積などを提示）や水源の異なる水道会社別コレラ死亡率の比較などの業績から現代の「疫学の父」と呼ばれる。ゼンメルワイスと同じ時期に活躍した。『On the Mode of Communication of Cholera』（コレラの伝染様式について）を 1855年に出版。スノーが調査したロンドン・ソホー (Soho) ブロードストリート（Broad Street, 現在の Broadwick Street）の井戸の近くにある彼の生家は現在、"John Snow Pub" として開放され、世界の疫学者の憩いの場となっている。出典：https://en.wikipedia.org/wiki/John_Snow#Legacy_and_honours

年までに4人に1人以上が慢性的な"水不足"の影響を受ける可能性が高いと推定されている。そのため水資源の確保は地域の安全および人間の安全保障を確保するうえで今後ますます重要になることは明らかである。

　前述したように、安全な水と衛生へのアクセスは人間の人権かつ尊厳の問題で、人間の基本的なニーズの一つであると同時に、健康だけでなく貧困や経済、教育、公平性などの他領域とも密接に関係している。そのアクセスを担保するためには、それゆえに、社会のインフラ構築や環境保全、経済・エネルギー政策などの地球を根底から動かしている上層部の原動力（Driving force）から末端の人々の生活まで、より包括的なかつ包摂的なアプローチが不可欠である。

　それゆえ、家庭や学校、コミュニティ、そして医療施設での衛生や手洗いなどの改善を地球規模で考える場合に、その大枠の中で課題を抽出し、問題を解決しなければ"持続可能性"の確保はむずかしい。

手洗いと感染症予防

　流水と石けんによる手洗いは個人的な衛生手法として長く伝わり、特に宗教的や文化的習慣として、一般の人びとに伝えられている。

　しかしながら、第1部第2章で述べるように、手洗いと病気の流行の関係がわかるようになったのはゼンメルワイスなどが現れるつい150～200年前のことで、手洗いが比較的簡単にできるようになったのもその後、ルイ・パスツール（殺菌法とワクチンの開発）やジョセフ・リスター（フェノールによる消毒法の開発）の仕事の成果である。そして現在では、"手洗い"は幼稚園や小学校の幼少時から教えられている感染症予防法の一つである。いみじくも2009年の新型インフルエンザ（パンデミッ

ジョセフ・リスター　Joseph Lister　1827-1912
イギリスの外科医。フェノールによる消毒法の開発者。ルイ・パスツールが発見した方法を適用して、1865年に少年の開放骨折にフェノールを染み込ませた包帯で治療に成功。その成果を翌年1866年、消毒法に関する論文としてイギリスの医学誌ランセットに発表。これらの業績から「消毒法の発見者」「現代外科学の父」などと呼ばれる。出典：https://en.wikipedia.org/wiki/Joseph_Lister,_1st_Baron_Lister

ク〈H1N1〉インフルエンザ）や、最近の西アフリカ諸国でのエボラ出血熱の大流行（パンデミック）などは、手洗いがその予防に対して非常に重要であることを世界中の人びとに改めて認識させた。さらに、石けん液と流水による手洗いに加えて、アルコールなどでの「手指擦式」も多くのところで導入されるようになっている。それは、感染症に対する予防をさらに効果的にするであろう。

　ところで病院での院内感染を確実に防ぐためには、より完璧な手洗いと消毒などが要求されるが、途上国ばかりではなく、先進国の医療現場において、現在でもこの「完璧さ」にはほど遠い現実がある。特に途上国においては不十分な環境衛生状態や不完全な器具・機材、職員不足、患者の過密状態、院内感染症予防のための基礎・応用知識の欠如、侵襲性器具の再使用や抗生物質の長期・不適切な使用、そのためのポリシーや戦略の不備、衛生概念の低さなど諸々の要因が院内感染を増幅し、途上国の院内感染は全体の有病の20％にも上ると推定されている。これはEU（欧州連合：European Union）の感染率に比べて、少なくとも2倍以上になる。また集中治療室での院内感染はさらに高く、アメリカの3倍以上であるといわれている。

　さらにEUだけでも2000年代に、院内感染関連によって年間1600万日の過剰な入院および3万7000人が死亡していると推定されている。加えて11万人の死亡にも間接的に関連していると考えられている。アメリカでも9万9000人（2002年）が院内感染の犠牲になっている。

　こうした状況のなか、WHOでは手洗いの重要性に鑑み、新しい部門を創設し、ヘルスケア関連の感染症対策のための世界戦略を構築して“感染症予防”に積極的に乗り出している。その部門では、感染症、疫学、社会科学、およびヘルスシステムの専門家を中心として、手指衛生や術野衛生、薬剤耐性菌対策などに関するマニュアル作成や加盟国の能力開発強化などに率先して取り組んでいる。

手洗いと手指衛生

　さて、「手洗い」（Handwashing）とは、流水と通常の（非抗菌性の）

石けんでの手洗いのことに限定し、一方「手指衛生」（Hand hygiene）とは手洗いのほかに防腐剤による手洗い・手指擦式、術時手指消毒を指す一般的な用語である。特にここ40〜50年、院内感染対策の重要性が強調され、医療従事者のとくにその汚染した手が感染源となって院内感染を発生させていることが知られるようになってきた。そこで特に重要な役割を果たしたのが、アメリカ合衆国ジョージア州アトランタにあるアメリカ合衆国保健福祉省（HHS：Department of Health and Health Services）所管の感染症対策の総合研究所「CDC」（Centers for Disease Control：アメリカ疾病予防管理センター）である。

その背景には、アメリカにおける耐性菌による院内感染の流行が多発し、問題が深刻であったため、どこの国よりも先だって医療従事者が問題認識を共有したことと無関係ではない。1981年にCDCの院内感染プログラムは「院内感染予防対策のガイドライン」と「病院環境対策のためのガイドライン」を発刊し、院内感染予防対策を推し進めていった。その後、CDCは14人までの専門家から構成される「医療関連感染制御諮問委員会」（HICPAC：Healthcare Infection Control Practices Advisory Committee）を立ち上げ、CDCやHHSに対して感染制御に関する助言を行なっている。CDCの関連のガイドラインは実質的にHICPACのものである。

HICPACは1995年と1996年に、薬剤耐性菌の患者のケアの後で病室を出る時は、手指洗浄のために抗菌性石けん、または水を必要としない消毒薬（速乾性擦式消毒薬）を使うことを推奨した。さらに2002年のHICPACのガイドラインでは、病院での手指衛生の実践方法としてできる限り、アルコールを基本とした手指擦式（擦式アルコール手指消毒薬洗浄）を使い、流水と石けんを用いた手洗いは特別な場合（たとえば炭疽菌による汚染）に限定されるべきであると推奨している。

アメリカやヨーロッパの加盟国の推奨により、WHOも2004年の秋から「ヘルスケアにおける手指衛生に関するガイドライン」の準備が行なわれ、2006年4月にその初稿が出版されたが、最終版がやっと2009年に発表された。その完成までには5年の歳月を要した。そのガイドライン

はヘルスケアにおける「手指衛生」の理論と実践に関する総合的な科学データを掲載し、加盟国の手指衛生の総合的な指針として重要な役割を果たしている。

手洗いと宗教

　私たちが暮らす地球は、インターネットの急速な発達によって、相対的にますます狭くなってきている。よって、グローバル化の進行は文化の画一化を促進している半面、ソーシャルメディアなどを通じて文化や宗教、習慣などの多様化が加速してきているともいえる。現在、インターネット上での宗教は、バーチャル（Virtual）宗教やインターネット宗教、サイバー（Cyber）宗教などとも言われる。これらの宗教サイトにはおびただしい量の宗教関係の情報が開示され，人間の現実感覚をゆるがせ，宗教のあり方そのものを変化させつつある。一方で、因果関係はともかく、ネット人口の増加と無宗教人口の増加との間には強い相関があるという報告もある。

　いずれにせよ、インターネットの普及が、善くも悪くも宗教の布教方法に大きな変化を引き起こしているように思われる。具体的に一例を挙げると、イスラム国(Islamic State, IS)はソーシャル・ネットワーキング・サービス（SNS）を活用して戦闘員を勧誘している。それらの宗教的な動きは現実社会にも大きな影響を与えている。このような状況の中で、文化・宗教の地形図はめまぐるしく変化しており、医療の分野でもその変化に対応しなければならない。つまり、文化や宗教は個人の手指衛生の実践だけでなく、地域全体の態度にも影響を与え、その結果として医療従事者の行動にもそれが反映される。**表1**に示すように、各宗教において手指衛生に対する適応が大きく異なる。それは衛生的なものから宗教儀式、そして象徴的なものとしてそれぞれの宗教は特異的な適応を行なっている。

　食事の時の手洗いを見ても、各食事の前後に行なう宗教（イスラム教、ユダヤ教など）と、食後だけに洗う宗教（仏教、シーク教など）もある。仏教では「死者の手を洗う」「新年に若者が高齢者の手に水をか

表 1 各宗教における手指衛生の適応とアルコール禁止

宗教	手指衛生に対する特異的な適応	洗浄の種類	アルコール禁止		
			有無	理由	アルコールベースの速乾性手指消毒に影響する可能性
仏教	食後	H	有	生き物（細菌）を殺す	有、しかし克服可能
	死者の手を洗う	S			
	新年に若者が高齢者の手に水をかける	S			
キリスト教	パンとワインの聖別の前	R	無	―	無
	聖油を取扱った後に（カトリック教）	H			
ヒンズー教	聖霊式の間（礼拝）（水）	R	有	精神障害の誘発	無
	祈りの最後に	R			
	不潔な行為（トイレ）の後	H			
	食事の前後	H			
イスラム教	祈りの前に流水で少なくとも3回清める（1日5回）	R	有	スピリチュアル的認知の状態からの断絶の誘発	有、しかし克服可能
	食事の前後	H			高度なかつ閉じた問題の監視
	トイレの後	H			
	犬や靴、死体に触れた後	H			
	汚れたものを扱った後	H			
ユダヤ教	朝の起床すぐ後	H	無	―	無
	食事の前後	H			
	お祈りの前	R			
	安息日の始まりの前	R			
	トイレの後	H			
キリスト教正統派	儀式の始まりの前に礼拝の服を着た後	R	無	―	無
	パンとワインの聖別の前	R			
シーク教	早朝	H	有	信仰に対する無礼なものとして受け入れ難い行動	有、しかしおそらく克服可能
	各宗教活動の前	R			
	料理および地域の食品ホール入館の前	H			
	食後	H			
	靴の履き脱ぎの後	H		人を酔わせるものと考えられている	

H：衛生的；　R：宗教儀式的；　S：象徴的
出典：WHO Guidelines on Hand Hygiene in Health Care (WHO, 2009)

ける」といった慣わしや習慣がある。多くの宗教では、お祈りや宗教儀式・活動の前に手を洗う。イスラム教徒では1日に5回、お祈りの前に流水で少なくとも3回手を清めることになっている。またアルコールを主体とした手指衛生では、その使用の禁止の理由が宗教間で大きく異なる。仏教では「生き物を殺す」、ヒンズー教では「精神障害を誘発する」、イスラム教では「スピリチュアル的認知の状態からの断絶を誘発する」、シーク教では「信仰に対する侮辱な行為」「人を酔わせるもの」として、アルコールベースの手指衛生の使用は一概には勧められない。しかしながら、これらの障害は必ずしも克服不可能ではないので、今後の研究の成果において新しい展開がもたらされることも期待できる。

手洗いと文化

　手指衛生の実践は、10歳までに培った経験に大きく依存し、その後の行ないを規定するという。これは「生得の手指衛生」（Inherited hand hygiene）と呼ばれ、汚い土を肌から除くような本能的な備えに関係する。一方、ある特定の環境での手洗いの態度は「選択的手指衛生」（Elective hand hygiene）と呼ばれ、医療行為における手指衛生の適応により対応すると考えられている。また**表2**に示すように、各宗教における手指衛生の重要性を検討するうえできわめて重要なことは、それぞれの宗教における手ぶり、「明らかに汚い手」の概念の解釈、アルコールベースの速乾性手指衛生剤禁止の問題である。いずれの手指衛生の実践でも文化・宗教的要因に強く影響され、その影響を学問的に吟味することによってヘルスケアにおける手指衛生をより効率的に実践することができる。

　"手ぶり"あるいは"ジェスチャー"も異なる宗教・文化において違う意味をもつので、それを教育的ポスターや広告などに採用する場合には注意深い配慮が必要である。さらに、「明らかに汚い手」の概念においても文化的背景によって異なり、皮膚の色についても配慮することが必要である。アルコール使用の禁止についても宗教的・文化的背景を考慮し、地域のしきたりや慣例などに則ったアプローチが不可欠である。

24

表 2　ヘルスケアにおける手指衛生の宗教・文化的側面とインパクト／解決の可能性

トピック	インパクト／解決の可能性
手指衛生の実践	生得の手指衛生と選択的手指衛生は文化・宗教的要因に強く影響される 研究の分野：ヘルスケアにおける手指衛生遵守に関する宗教的慣例の影響の可能性
手ぶり	多様な手指衛生キャンペーンにおける教育的目的のためのポスターや広告資料において、文化的背景に沿った手ぶりを考慮すること
「目に見える汚れた」手の概念	手指衛生の適応について医療従事者を教育するとき、皮膚の色や汚れの認識の違い、社会風土の変動を考慮すること
アルコール使用の禁止	地域の聖職者に相談すること、ならびに典礼用教科書をうまく解釈すること 教育戦略内において当該トピックに関するフォーカスグループ アルコールベースの速乾性手指衛生に対してもっとも適切な用語の使用 研究分野：アルコールベースの速乾性手指衛生に関連した付随的な摂取や吸引あるいは皮膚吸収の毒性の可能性についての量的研究；アルコールの臭い除去

出典：WHO Guidelines on Hand Hygiene in Health Care (WHO, 2009)

　さらに異なる文化的な背景から、石けんやアルコールが使えないところもある。ヒンズー教では、石けんではなく、砂や土で手をゴシゴシ洗い、水で流すことが行なわれている。石けんを使わない背景には、それが"動物性脂肪"を含んでいるためである。水がないところでは、"砂"での手洗いも慣例として存在する。実際、バングラデシュで行なわれた実験であるが、土と砂による手の洗浄後の糞便性大腸菌数は石けん洗浄後の数とほぼ同じで、前者の有用性が証明されている。

　また、文化は宗教から独立して、手指衛生などに影響を与えることがある。アフリカ大陸の一部では、手指衛生は日常生活で特別な意味を持っている。何かを口に入れる前に、いつでも手洗いをしなければならない。ナイジェリアのことわざには、「よく手を洗う子どもは、お年寄りと一緒に食べられる」というのがある。また、お年寄りのところに「王様」を置き換える場合もある。

　アフリカやアジアの国や地方では、訪問者が家に入る前に草の葉を入

れた洗面器の水で手や顔を洗わせる習慣がある。食事の前後にも同じようなことが行なわれる。私はWHOに勤務していた時に、これらの地域でこの習わしを何度も体験した。洗面器の水を数人で共用することもあるので、衛生に不安がないでもないが、その"おもてなし"には頭が下がる。この地域で水は貴重であるがゆえに、その手洗いの習慣は神聖な儀式にさえなっている。さらに、手の使用と特別な手ぶりは、文化ごとに特別な意味合いがある。ヒンズー教やイスラム教、あるアフリカの文化では、左手は「汚れたもの」で衛生的目的だけに使われ、右手は食事、提供、受領あるいは何かを示すため、あるいはジェスチャーする時に使われる。

　結論として"手洗い"という日常の活動・行為においても、このように文化的・宗教的背景が大きく影響している。そのような背景を理解し、お互いの多様性を認めてこそ、物事はグローバルに展開できる。患者や医療従事者における手洗いの実践・教育・推奨なども例外ではない。

清潔な手が"いのち"を救う

　このような背景において、標準的予防措置の一つとして、特に病棟での"手洗い"の重要性が強調されている。そのためWHOでは2008年以降、「Clean Care Safer Care」（清潔なケアはより安全なケアである）という考え方のもとで、「Save Lives: Clean Your Hands」（命を救う、清潔なあなたの手で）をモットーに、手洗いの世界的なキャンペーンを実施している。これは、今も現場では手洗いが必ずしも徹底されていないことの裏返しである。

　さて、「細菌」という概念がまだ確立されていなかった19世紀の半ば以前には、「消毒」という考え方ももちろん存在しなかった。そのため当時、世界最高水準の医療施設においても、手術や内診の前などの手洗い・消毒はまったく実践されていなかったといっても過言ではない。

　本書は、その時代にあって「手洗い」の重要性を指摘し、それによって多くの若い妊産婦の命を救う方法を開発した医師ゼンメルワイスの壮絶な物語である。多くの命を救ったといえば大げさになるかもしれな

い。というのは、彼の手洗いの予防法は、当時の医学界で彼の生前には認められなかったからである。逆に、彼はその理論を展開したがために、当時世界最高レベルにあったオーストリア・ウイーン医学界から追放され、失意に打たれたまま悲劇的な最期を迎えることになった。そして彼は、自分のせいで死に至らしめた若い妊産婦と同じ病気で、精神病棟の中で誰にも看とられずに他界した。

　本書では、当時の妊産婦の出産に伴う悲運についても紹介する。当時、裕福な女性は助産師の助けを借りて自宅出産するのがふつうであった。一方で、それが叶えられない諸々の事情のある、たとえば現代のシングルマザーのような妊産婦は産科の病院を利用していた。病院は慈善事業として運営され、その一環として妊産婦を受け入れ、出産を手伝っていたのである。社会的に弱い立場におかれた、特に若い女性がこの慈善病院を多く利用した。このような人たちは、子どもを産むという神聖な自分の行為に対しても多くの選択肢はなく、体制にも従順であった。多くの場合、病気は社会の"ひずみ"の中に現れる。例として若い妊産婦を苦しめた「産褥熱」も、当時の医学界の権威的な常識、そして一つの体制の矛盾の結果であった。

　医療という、病人を救う行為が、逆に患者を死に追いやっていた、という事実は医学界では受け入れがたいことであった。自分たちにとって当たりまえの行為は、通常、現実的な選択として採用され、実践されているがために、それを疑わず盲目的に従順になりがちである。これと反対に、常識を疑い、それを論駁し、さらに新しい事実を提案することは、場合によっては自殺行為にもつながるものである。

産褥熱の原因

　ゼンメルワイスは、これまでの常識をどのように疑い、それをどのように論駁し、矛盾を明らかにして「産褥熱」の真の原因へと迫っていったのであろうか。

　原因究明に向けた彼の妥協しない行為は、彼が勤務する病院現場において混乱をもたらし、そこで働く人びとの人間関係も損ねさせてい

た。それでも彼は、自分を疑わず、信念を持って、事の真相に迫った。彼のその執拗さは何も自分の名誉のためではなく、死ぬべきでない若い女性の命を救わんがためのものであった。人生をもっとも謳歌すべき若い妊産婦があまりにも多く死んでいくという現実に彼は我慢ができなかった。まわりの若い医師や看護師らは、彼のすごみのある形相に圧倒され、彼の指示にいやいやながら従って手洗いを励行した。権力のある上司は、彼の執拗さに驚き、非難の矛先が自分に向きかねないことを懸念して、彼をウイーンから逆に追放することを策略した。

　陰謀は成功するが、真実は曲げられない。ゼンメルワイスは幸いにも「真実」を探求できる環境にあった。よいタイミングでよいところに居合わせる「偶然」を、彼はその洞察力をもって見逃さなかった。それは彼が勤務する世界有数の総合病院には性質の違う二つの産科病棟があり、また、病院には長期にわたって産科での出産に関するデータが保管されていたのだった。そして幸運にも、友人の不幸な「死」が予想外の"ひらめき"につながった。思いがけないひらめきは、彼にそれを待ち受ける心があったからだ。友人の不幸な死からひらめきが生まれたということは、ゼンメルワイスをしてゼンメルワイスたらしめるものである。

　若きゼンメルワイスは医師になるのと同時に、尊敬する教授が指導する病理・解剖学に入り浸り、産褥熱で死亡した遺体の解剖に明け暮れていた。病気の原因はすべて病理学的所見に帰することができるという当時の学説に、彼はのめり込んでいた。その過程で、彼は「産褥熱」について真剣に勉強し、その臨床および病理についても多くの経験を積んだ。彼には幸運を待ち受ける心構えがすでに備わっていたのである。だからこそ友人の"悲しい死"も幸運なひらめきにつながったのであろう。

真実に迫る ── 「疫学」の視点

　ゼンメルワイスは、産褥熱の原因究明においてこれまで疑わしいといわれているすべての事象を一つひとつ検証し、棄却（消去）していった。そのプロセスは厳密で他人の干渉を許すものではなかった。彼の作業はまさしく、フランシス・ベーコンによって原型がつくられ、ジョ

ン・スチュアート・ミルによって定式化された「消去による帰納法」を用いて、これまでに疑われているすべての仮説を一つひとつていねいに否定し、有効な仮説、つまり「死体の中にある何か」という仮説を構築していく過程であった。

　もちろん彼は「消去による帰納法」を意図的に活用したわけではなく、徹底して周到に作業を展開していたことが、結果としてその方法に類似していたにすぎない。消去法で導き出される結論それ自体は真偽不明のものにすぎないが、原因究明の今後の論理を展開するうえでは貴重なエビデンスを提供するものである。彼はそのプロセスを系統的にかつ綿密に実践し、これまでいわれていた仮説を一つひとつ、丹念に消去していった。まさに大量の干し草の山から一本の針を探すような緻密な作業をへて彼は真実に迫っていった。

　ところで、病気の原因を究明する有効な科学的手法の一つに「疫学」という学問がある。疫学は原因究明ばかりを行なうものではないが、疫学手法は病気の原因究明に非常に有力なアプローチである。本書の目的の一つは、疫学を勉強した筆者の視点からゼンメルワイスの業績を眺めるということである。

　疫学調査における原因究明も、彼が実施したように、周到なプロセスをへて実施されるべきものであるが、最近の疫学調査は理論的な緻密さよりも統計的な手法に偏りすぎて論理を展開するスリルが少なくなっているように感じる。関連するリスクファクター（危険因子・要因）が統計的な確率によって検出されているが、統計的に有意な関係から得られた要因は、多くの既知の要因の一つにすぎないし、真の原因からはほど遠いものが多い。統計的にコントロールできない未知の要因にこそ、疫

フランシス・ベーコン　Francis Bacon　1551-1626
イギリスの哲学者、神学者、法学者、貴族。経験論あるいは経験主義の父。一般的原理から結論を導く演繹法よりも、現実の観察や実験を重んじる「帰納法」を主張した。「知識は力なり」の名言で有名。出典：https://en.wikipedia.org/wiki/Francis_Bacon

学者は最大のエネルギーを費やすべきだ、という意味でも、私たち疫学者は、ゼンメルワイスが行なった観察事実に基づく「消去」による帰納法的アプローチから学ぶべきものが多い。

予防という「青い鳥」

　疫学者はどんな状況でも、予防という「青い鳥」を追い求める。ゼンメルワイスもまた、原因究明にとどまらず、自分の理論に基づいて正しい予防方法を提示し、実践した。疫学の最終的な目的は、得られた事実から病気の予防対策を確立し、それに基づいて予防（介入）を効果的に実践することである。

　しかしながら、彼が導入した手洗いと消毒は確かな効果を発揮したものの、当時の医学界ではなかなか受け入れられなかった。真実であるから、あるいは素晴らしい新技術であるからそれが世の中に素直に受け入れられるというものでもなさそうだ。正しいことが、真実が世間に受け入れられるためには、それなりの条件と環境が整わなければならない。

　その条件とは何か——。疫学的な視点からこれを徹底的に議論することは、効果的な公衆衛生学的戦略の構築ばかりでなく、それを効率よく展開するうえでもきわめて有効である。観察の場では、過去の概念にとらわれない、強靭な精神と知識に裏打ちされた"洞察力"が未来の扉を開くと、私は信じている。ゼンメルワイスのように！

　ゼンメルワイスは、「疫学の父」と評されるジョン・スノーとほぼ同じ時期に活躍した臨床医であった。ウイーンとロンドンという研究場所の違いはあるものの、両者の研究環境は非常に似ているし、研究成果を予防に応用したところもきわめて類似している。しかしながら、スノー

ジョン・スチュアート・ミル　John Stuart Mill　1806-1873
イギリスの哲学者、社会思想家、経済思想家、科学哲学者。個別的・特殊的な事例から一般的・普遍的な規則・法則を見出そうとする論理的推論の方法、帰納法を体系化した。出典：https://en.wikipedia.org/wiki/John_Stuart_Mill

にくらべてゼンメルワイスの知名度は明らかに低い。彼の名前さえ知らない疫学者も少なくない。しかし、彼の疫学的な業績はスノーのものに比べて決して劣るものではない。

「疫学」という学問はイギリスをはじめ、その兄弟国アメリカにおいて発展し体系化され、現在に至っている。そのために、英語圏の研究者が世界的により光を浴びやすい環境にあったことは明らかである。たしかに、ちょっとした社会的な立ち振る舞いにゼンメルワイスとスノーの間には大きな違いがあった。それも二人の死後の名声に変化を与えたのかもしれない。

　いずれにせよ、ゼンメルワイスもスノーも、闘っていた病気の種類は異なるものの、予防という「青い鳥」を必死に追い求めた。そして、新しい扉を開いた。それが新しい疫学への道として現在も続いている。

第2章
✦
産褥熱の悲劇

悲劇のはじまり

　ハンガリー・ブダペスト生まれの若い産婦人科の医師は悩んでいた。自分が担当医として勤務するウイーン総合病院において、人生をもっとも謳歌するはずの若い妊産婦が次から次へと死んでいるのだ。

　ウイーン総合病院は1686年に開設され、当時ヨーロッパ屈指の産科病棟を備えていた。また、当時のウイーンはヨーロッパ、いや世界の医学のメッカとして、イギリスやアメリカをはじめ、世界中から医学者が集っていた。医学者にとって、ウイーンに留学し勉強することは、将来の出世をいち早く保証する手段であった。オーストリア・ウイーン帰りは日本の明治時代のドイツ帰りや、第二次世界大戦直後のアメリカ帰りを想像するだけでその付加価値が十分に納得できる。ウイーンからの留学帰りはまさに凱旋帰国であった。

　ウイーンは、第一次世界大戦まではオーストリア＝ハンガリー帝国の首都、すなわちハプスブルグ帝国の都として、ヨーロッパ屈指の大都市であった。そのウイーン総合病院の産科病棟は二つの病棟に分かれていた。第一病棟には男性の医学生が、第二病棟には女性の学生（助産師）が割り当てられていた。それは、いろいろな条例や法令で定められた措置であった。

　「11.45％対2.80％」──。この数字には4倍以上の差がある。これは

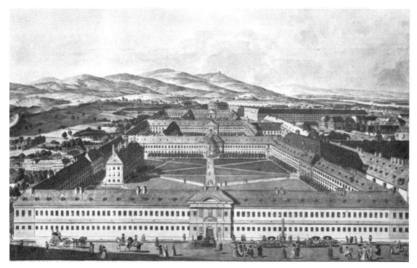

ウイーン総合病院（The Vienna General Hospital）
病院の起源は1686年に遡るが、最初の建物は1697年に建設、世界で最初の産科病棟が創設された。出典：https://en.wikipedia.org/wiki/Vienna_General_Hospital

1846年に観察された第一病棟と第二病棟の「産褥熱」による死亡率の格差であった。この違いに気づいたことが、若き産婦人科医イグナッツ・ゼンメルワイスの悲劇の始まりである。もちろん、ゼンメルワイスはこの違いを発見した最初の人ではないが……。

　第一病棟に入院すれば、医学生や担当医の餌食になることは、ウイーンの若い娘たちまでが知っていた。つまり、妊娠やお産中の検査や内診、それを手助けするという名目で多くの医学生の"汚れた手"が妊婦の産道に忍び込んでいることを。第一病棟で発生する産褥熱による死亡率の高さは、ウイーンの一般市民の間でゴシップになるほどに広く知られた有名な話であった。

　第一病棟に入院が割り当てられた妊婦は看護師に向かって、膝をついて手を合わせ、
「第一病棟から出して！」
「第二病棟へ転院させて！」

「助産師に分娩させて！」

と、涙を流して哀願するのがふつうであった。

しかし、妊婦の入院先は曜日ごとに決まっていたので、それは叶わぬ願いであった。どの時代にも、社会的に弱い立場におかれた人間には選択のオプションが限られているものである。

18歳の恋と妊娠

さてここで、シャーウィン・ヌーランドの『医師からの病；The Doctors' Plaque』（13〜29頁）から、当時のウイーン総合病院産科病棟とそこを利用している患者の状況を簡単に再現してみよう。

日曜日は彼女の友人リーゾルが休みの日であった。彼女は一人で病院に行かなくてよいことに安堵した。ウイーン総合病院！ 入り込んだ建物と広い中庭、長い廊下、この世の中でもっともおそろしいところへ一人で行くことを考えただけで地獄に突き落とされたような気持ちになり、気分が落ち込む。特に第八中庭は産科病棟のあるところとしてウイーン市民に知られていた。

リーゾルと彼女は第八中庭にある、産科病棟につながる一つの大きな木のドアを押した。中は暗くてよく見えない。そして彼女らの後ろでドアが「キーン」というきつい音とともに閉じた。それはあたかも、世界の最期を告げる乾いた響きのようであった。そして、いっそう暗くなった。彼女がこのドアから再び出られるかどうかは誰も知らない。彼女はリーゾルに支えられながら、木の階段を一歩ずつ踏みしめながら、ゆっくりと3階の病棟へと向かって行った。

彼女は18歳、職人の一人娘で、父親に非常にかわいがられてきた。彼女は最愛の母親を12歳の時に肺炎で亡くしていたが、その喪失の悲しみと苦悩のなかにいる時でも、彼は常に温かい言葉をかけ、彼女を慰め、優しく包み込んでくれた。彼はそんな優しい父親であった。

しかし、事態は急変した。5か月前に自分が妊娠していることを告げた時に！ 彼の顔は悲痛にゆがんだ。これまで一緒に過ごした幸福な

日々が遠い闇のかなたに押しやられるかのようであった。父親に庇護されて18年間一緒に幸せに暮らしてきた彼女には、彼女がどんなつらい環境に陥ろうとも、父親は温かく包み込んで慰めてくれる絶対的な存在なのである。だからこそ、今回のような苦渋の罰も赦してくれると信じていた。

でも、父親の反応は彼女にとって、まったく予想外のものであった。妊娠のことを聞いたとたん、彼はまたたく間に激怒し、怒り狂って、爆弾を落とすように罵り、誰がその子の父親かをしつこく問い詰めた。その子の父親の名前を明らかにすることを拒むと、父親はさらに激昂した。その名前を知ることで事態は改善するのであろうか。

ボーイフレンドはウイーン大学の哲学科の学生であった。彼は明るく雄弁で、彼が謳うゲーテの詩は美しく、彼女を遠い、遠い夢のかなたへ連れて行った。夢の中にいる若い二人の間に恋が芽生えるのに時間はかからなかった。また身ごもるための行為も自然の成り行きで、大して時間を必要としなかった。その結末もまたありきたりのものであった。妊娠を告げられたボーイフレンドはきびすを返すように、彼女からまたたく間に去っていった。

第一病棟へ運べ

彼女はこれまで優しかった父親がこれほどまでに激昂するとは微塵たりとも想像できなかった。恋人に去られた悲しみも、母親の死後もそうであったように、抱き包んでくれる父親であると信じていただけに、彼女のショックはとてつもなく大きかった。彼女は父親の愛情から見放されただけでなく、家を追い出され勘当された。あんなに優しかった父親

シャーウィン・ヌーランド　Sherwin B. Nuland　1930-2014
米国ニューヨーク州ニューヨークでウクライナ移民の子として生まれる。イェール大学医学部卒。外科医・作家。イェール大学医学部で生命倫理、医学史、および医学を教授。『人間らしい死にかた――人生の最終章を考える』（1994年）はニューヨークタイムズベストセラーなど多くの賞を得る。出典：http://www.nytimes.com/2014/03/05/us/sherwin-b-nuland-author-who-challeng

が自分を家から追い出すことなんか、彼女には想像もできなかった！

　気づいた時は、彼女はリーゾルの小さいアパートの部屋の片隅で、最初のお腹の痛みを感じつつ、うずくまっていた。リーゾルの部屋はウイーンの当時の若い女性労働者の宿舎の軒下の小さい部屋であった。そこに仮住まいしている間、彼女は父親に何度も慰めと赦しを訴える手紙を出したが、返事はなかった。

　リーゾルは母親が生きている間、彼女の家で働いていた家政婦の娘であった。二人は年齢が近いせいもあって、小さい時から仲がよく、リーゾルの母親が工場で働くようになって彼女の家を出た後も二人の友情は続いていた。リーゾルは彼女の陣痛を見て、病院へ行くことを勧めた。二人は目的地に向かって、ほぼ1キロメートルの石畳の道を裸足で歩いた。病院に到着するまでに1時間弱の時間を要した。リーゾルはこの間ずっと、彼女に肩を貸していた。

　彼女の陣痛はさらに激しくなっていた。彼女はそれを和らげるために、道端にかがみ込んで、何度も休まなければならなかった。目的地の第八中庭にやっと到着し、彼女は看護師の助けを借りて病棟にたどり着いたが、そこの雰囲気に圧倒されて、リーゾルに「さよなら」さえいえなかった。

「彼女を第一病棟へ運べ！」

　大きな声で医師が看護師に指示していた。

　彼女は第一病棟で何をされるかすでに知っていたので、

「看護師さん、教えてください」

「第一病棟は医師が診るのですか、それとも助産師ですか」

　とたずねた。

「かわいい娘さんよ、あなたが気にすることはないのよ」

　そう年配の看護師のひとりが答えた。そして、

「もし知りたければ教えてあげるけど、医師が担当の病棟よ」

　と告げた。

「お願いです、看護師さん。もう一つの病棟に行かせてください。私は赤ちゃんを助産師に取り上げて欲しいのです」

「若い娘さんよ、それはできません。病棟には規則があって、あなたは
それに従わなければなりません」
「しかし、お願いです。ほかの病棟に行けないでしょうか」
「それは絶対に無理です！　静かにしなさい、かわいい娘さんよ。シス
ターと一緒に行きなさい」

世界一の産科病棟

　当時のウイーン総合病院産科の第一病棟と第二病棟への患者の受け入
れ方法は以下の通りであった。

　第一病棟には1週間のうち4日間、第二病棟には3日間、患者が割り当
てられた。すなわち、第一病棟は1週間に24時間、1年間に52日間患者を
多く受け入れることになっていた。1840年の後半から、第一病棟は男性
の産婦人科学生、第二病棟は助産師学生というように、病棟ごとに学生
が振り分けられていた。これは1840年にウイーン総合病院産科病棟が大
きく拡張され、世界一の産科病棟になったことによるものである。そし
て、その頃から第一病棟における産褥熱による死亡率は、第二病棟のそ
れより高いことが記録されていた。これは医師などの医療関係者だけで
はなく、ウイーンの妊婦たちにもよく知られた事実であった。

　彼女の運命は決まった。彼女は第一病棟で出産することになった。第
一病棟では若い医師の卵が産科的な内診の研修の一環として、若い妊産
婦の分娩に携わっていた。若い医学生は分娩の内診の前に、毎朝死体解
剖を行ない、その病理所見報告書を作成するのが彼らに課された研修義
務であった。死体はとなりの部屋で産褥熱によって亡くなった若い妊産
婦たちであった。

　死体解剖のプレッシャーから解放され、若い女性の産道を内診するこ
とに安堵し、検査はより精細になり、長時間に及ぶこともあった。初産
ほど陣痛から出産までの時間が長くなるために、結果として内診の時間
が長くなっていた。長い内診からやっと解放された時、彼女は完全に疲
れていた。研修医や学生は、彼女のベッドの横で、あたかも彼女が存在

しないかのように、今観察した病理所見について討論していた。
「医学生が解剖している遺体とは何だろうか」……。

　彼女には不安が募るばかりであった。心配になればなるほど父親のことが思い出される。この不安を和らげてくれるのは父親しかいない。
「パパ、私はあなたに、そして自分に何をしたというの。ここに来て、私を助けてください。病棟から連れ出してください、パパ」……。

帰らぬ人に

　彼女は早く出産して、赤ちゃんをパパに見せる喜びを考えているうちに睡魔に襲われた。分娩は14時間も続いた。この間、多くの学生と担当医によってさまざまな内診が行なわれた。

　健康な男の子が生まれた。お母さんと同様、青い目のかわいい子だった。彼女が想像したような赤ちゃんが生まれた。
「はやくパパに初孫を見せてあげたい」……。

　リーゾルが来ることになっている火曜日の夕方が本当に待ち遠しい。そして数日後には、リーゾルは彼女のお母さんも同伴してくることになっている。
「三人で一緒にパパに会える最善の方法を話し合おう」……。

　これはもう約束された未来である。以前のような幸せな時に戻ることができるのだ、パパと一緒に！

　翌朝目覚めた時、彼女は最初に来た大きな病棟の部屋に横たわっていた。赤ちゃんがすぐ連れられてくることになっている。もう待てない。彼の名前は「フェルニランド」ととっくに前から決めている。というのは、これはパパの名前であり、王様の名前なのだから……。

　パパの名前をもらったハンサムで、そしてパパのように優しく強い孫をパパはどんなに誇りに思うだろうか。初孫を見るパパの喜びの顔を想像して、彼女はひとりで微笑んだ。

　彼女はほんの短時間だけフェルニランドを抱いていた。彼は愛らしかった。しばらくして、彼は別の部屋に連れて行かれた。その日の夕方から、彼女は腹部に異変を感じた。夕食に一口もつけなかった。夜には吐

いてしまった。

　翌朝には脈拍数も上がり、寒気があり、悪寒が体中を走っていた。フェルニランドとの二度目の対面は非常に短時間であった。彼女には、彼を抱える力がもう残っていなかった。しばらくして、彼女は発熱、下腹部痛、子宮の圧痛などに苦しめられた。下腹部からの悪臭もにおってきた。そして間もなく敗血症を来たし、発熱を伴いながら急激に悪化していった。

　彼女はストレッチャーでとなりの控え室に移された。しかし、彼女には「どうして？」とたずねる力はもう残っていなかった。パパの顔を思い出すこともできなかった。赤ちゃんがますます遠くへ離れていくような幻想に駆られていた。その次の2日間、彼女は幻覚症状を伴う昏睡状態に陥った。この間、顔の汗をぬぐい、下腹部を拭く以外に、医師や看護師が彼女にできることは何もなかった。人の力がもう及ばない状態に達していた。

　火曜日の夕方、リーゾルは病人を訪問したが、2日前の日曜日の朝に二人で立った大きな入り口のドアの前で追い返された。「訪問者お断り」を彼女が希望している、とリーゾルは伝えられた。リーゾルはキツネにつままれたようであった。しかしリーゾルには彼女の意思を尊重する以外の術はなく、不安な気持ちで、独りでアパートに戻るしかなかった。

　翌日、すなわち水曜日のたそがれ直後、赤ちゃん誕生3日後、彼女はベッドの上に突然まっすぐに座り、必死で前方に目を凝らした。そして大きく腕を広げて、

「パパ、私を許してください！」

　と叫んだ後、彼女は枕の上に崩れ落ち、死んでしまった。

　　　（Sherwin B. Nuland著『医師からの病；The Doctors' Plaque』〈13〜29頁〉からの抜粋・抄訳）

医師の汚れた手

　彼女は今でいうシングルマザーである。当時、お金持ちは助産師の手助けで、家の中で子どもを生むのが一般的であった。またヨーロッパの多くの町では当初、産業革命やいろいろな社会状況の変化（工業化）に

伴って、地方から都会へ多くの人が流入し、都市化が急激に進んでいた。それに伴って、都市部の貧困者の生活環境は劣悪化してきて、家の中で子どもを産めるような状況ではなくなっていた。

　これに対応する方法として、国や慈善団体は産科病棟をつくって、そこで貧困者などのお産を手伝うようになった。一般的に、病院は難しい患者を受けつけるとともに、行き場所のない貧乏な妊婦を治療の対象としていた。産科病棟は彼女たちにとってまさに避難所であり家であった。ウイーン総合病院産科病棟も例外ではなかった。妊婦は好きな妊娠時期に入院ができて、その後そこに永久に住み着くことも許されていた。しかも、患者が自分の名前を明かしたくなければ、紙に自分の名前と住所を書いて封筒に入れてベッドの敷物の下に置くだけでよかった。妊婦が死んだ時にだけ、それを開封することができた。病院のこのような寛大さは、シングルマザーらが人工中絶を諦める原因の一つでもあった。

　一方で、病院はめざましい医学の発展に追いつくために、医学生の教育や研修の内容を充実させる必要があり、そのためにいろいろなタイプの患者を必要とした。分娩後、子どもが死ぬと、母親は乳母として他人の子どもに母乳を与えることが義務づけられていた。また母親が産褥期間中に亡くなると子どもは"里子"として出されるようになっていた。この産科病棟に入院してくる妊婦たちが社会的に弱い立場に置かれていたことが、産科病棟における医学生や指導医の内診の内容に直接・間接に関係していたと推測するのは難しくない。いわゆる大学病院において、彼女らは練習台として、今日的にいえば"人間モルモット"となることを前提として、入院が許可されていたのであろう。

　シングルマザーには初産が多い。初産の妊婦は陣痛が長い。長いぶんだけ、医学生の練習台の上に乗せられ、内診の対象とされる時間が長くなる。若い妊婦の産道はあの手この手で、数時間から10時間以上も調べつくされるために、産道や子宮は通常以上に傷つく。若い妊婦はこのあいだ、屈辱と痛みに耐えなければならない。それが彼女たちに死をもたらすものであってもである。この患者と医師との父権的な関係のなか

で、医学生はもはや、妊婦が身も心も、プライドもある生身の人間であることさえ忘れているのだ。そして、彼ら自身の"汚れた手"は、若い妊婦の尊厳を傷つけているだけでなく、彼女らや生まれてくる子どもの命まで奪っているかも知れないということを、当時、誰も想像だにしていなかった。イグナッツ・ゼンメルワイスが登場するまでは……。

　病気は社会の中でただランダムに発生するわけではない。たとえば、ある地域で、あるいはあるグループにおいて、他の対照とくらべてある病気が多発しているということは、その構成員の社会的背景と何らかの関係があり、それが通常、引き金あるいは原因となって病気が発生しているのである（玉城英彦『社会が病気をつくる』2009年）。

　母親を亡くした後、フェルニランドはどうなったのであろうか。リーゾルやその家族には彼を引き取るほどの経済的なゆとりはまったくなかった。最期の最期まで赦しを請うた父親が孫を引き取ったとも思えない。娘の悲惨な死が彼の耳に届いたかどうかさえ定かでない。彼女は世界有数の慈善病院で親戚や友人らに看取られることなく、寂しく独りで息を引き取った。フェルニランドは里子に出されたと考えるのが妥当ではないだろうか。お母さん似の青い目のかわいらしい彼は、里親のもとで大きく成長したと信じたい。フェルニランドが生まれてから現在まで約160年、ほぼ5世代を数えることになる。フェルニランドの子孫が、きっと、ウイーンの今の繁栄の一端を支えているのではないかと期待しないではいられない。

死にいたる病 —— 産褥熱

　19世紀の後半には、若い妊婦が出産後、前述の彼女のような臨床症状を経て、最期を迎えることは例外的なことではなかった。

　分娩およびその前後に、主として分娩の際に生じた傷を介して「細菌」に感染して起こる熱性疾患を総称して「産褥熱」という。日本では、分娩後24時間以降、産褥10日以内に2日以上にわたって38℃以上の発熱をきたしたものを産褥熱と定義している。産褥熱は英語で"Puerperal fever"あるいは"Childbed fever"と呼ばれ、18世紀になって初め

て独立した病気の一つとして認定された。"Puerperal"は、ラテン語で"子ども"を意味するPuerと"産む"を意味するPurereからきている。お産直後の期間を意味するPuerperiumに発熱が始まるために、この名称が与えられたのだろうか。

また、産褥とは、もともとはお産の寝床を意味し、妊娠および分娩が原因となって発生した生殖器および全身の変化が妊娠前の状態に戻るまでの期間を産褥期といい、出産後6〜8週間を指す。その間の主な症状としては、体重の減少、悪露（おろ）の排出、発熱（産褥熱）、後陣痛、乳汁の分泌、子宮の縮小、うつ状態（産褥うつ）、そしてその他の身体・精神の全般にわたる大きな変化など、多岐にわたる。

産褥子宮内膜炎では、産褥2〜3日目ころに、発熱、下腹部痛、子宮の圧痛、悪臭のある悪露の流出、軽度の出血の持続が見られる。感染が骨盤腔内へ波及すると臨床症状は重症化し、筋性防御（腹腔内に起こる炎症により、反射的にその部位の腹膜が緊張して硬くなること）、ブルンベルグ徴候（腹膜炎の際、腹壁を静かに圧迫し、急に圧迫を解くと、疼痛を強く感じる徴候）などの腹膜刺激症状（腹膜に炎症などの異常がおこる時の特有の症状）を伴うようになる。会陰の傷、腟壁の傷から感染したものでは、局所の発赤、腫脹、圧痛などがみられる。敗血症をきたすと、発熱を伴いながら全身状態が急激に悪化してショック症状を示し、さらには播種性血管内凝固症候群（DIC）の症状を併発し、死に至ることもある。

産褥熱は前述のとおり、18世紀になって独立した病気と認められたが、おそらく人間の誕生と同時に妊婦や赤ちゃんを苦しめていたと思われる。その証左に、医学の父ヒポクラテス（前460頃〜前375頃）の有名な全集の中にすでに産褥熱の記述がある。

母親になるということは、いつの時代でも、産む"苦しみ"に加え、自分の生命と生まれてくる子どもの命を危険を冒して"守る"という二重の大きな責務を負っている。19世紀以前には、母親の4人に1人が自分の赤ちゃんの顔を見ることなく、亡くなることも珍しくなかった。古来日本では、産褥期での妊産婦の死亡を「産後の肥立ちが悪く」亡くなったと

いわれていた。やせ細って、なかなか体調が回復しない（肥らない）ことに由来するらしい。

　産褥熱の現在の状況はどうなっているのであろうか。現在でも、産褥熱は産科領域感染症の代表的疾患の一つであるが、予防医学や化学療法の発達により重症例の発生頻度はかなり低下している。治療には、悪露滞留、胎盤・卵膜遺残など感染の原因を除去すると同時に、最初は効果のある菌種の範囲（抗菌スペクトル）の広い薬剤が投与される。以前は、原因菌はブドウ球菌や連鎖球菌といった強毒菌が主軸であったが，抗生物質の進歩や妊娠分娩管理の近代化に伴い，現在では腸内細菌や嫌気性細菌などの弱毒菌およびクラミジアが主体となっている。近年の予防的化学療法および抗菌剤の多用の反動として薬剤耐性菌が出現し臨床上問題となっている。このような環境の中で、本症を生起する機会は必ずしも多くはないが、感染像や起因菌の変遷や耐性菌の増加などに引き続き警戒する必要がある。

第**3**章
✦
ゼンメルワイスの闘い

来歴

　ゼンメルワイスの仕事について詳しく述べる前に、彼の来歴を少し振り返ってみよう。

　彼は1818年7月1日ブダ（現在のブダペスト）に、ドイツ系商人の第5子（4男）として生をうけた。彼自身はハンガリー生まれで、完全なハンガリー人であるが、祖先はフランケン地方（現在のドイツ・バイエルン県を中心とした）出身であった。ゼンメルワイスの家族も、ブダやペストの友人や商売仲間もほとんどの人が、ブダ・シュヴァーベン語と呼ばれるドイツ語方言を話していた。

　19〜20世紀にハンガリーを治めていたオーストリア帝国（1804〜1867年はオーストリア帝国、1867〜1918年はオーストリア・ハンガリー帝国を総称とした）は、ハンガリー人の反骨反抗精神を和らげるために多くのドイツ人を移民としてハンガリーに歓迎したといわれている。

　ゼンメルワイスの両親はブルジョアジーとしての誇りをもち、彼はその価値観のなかで成長した。彼の父親ジョゼフは食料雑貨商で、母親テレシアはバイエルン生まれの裕福な大型四輪馬車製造業者の娘であった。兄はペスト大学医学部の反対側に大きな雑貨店を営んでいた。

　彼は小学校に入るまでハンガリー語を学ぶ機会がなかった。彼は11歳の時に大学受験を目指してカトリックの中学校（ジムナジアム）に入学

イグナッツ・ゼンメルワイスの両親

テレシア・ミューラー（Teresia Müller）とジョセフ・ゼンメルワイス（Joseph Semmelweis, 1778–1846）。父親は現在のオーストリア Eisenstadt（当時はハンガリー領）でドイツ系ハンガリー人として生まれる。母親は大型四輪馬車製造業者の娘であった。両親はハンガリー・ブダで食料雑貨商を営んでいた。イグナッツ・ゼンメルワイスは二人の 10 人の子供たちの 5 番目の子。https://en.wikipedia.org/wiki/Ignaz_Semmelweis

子どものころ（1830 年）のイグナッツ・ゼンメルワイス

出典：https://en.wikipedia.org/wiki/Ignaz_Semmelweis

した。しかし、中学校ではドイツ語とラテン語が主で、ハンガリー語を使う機会はきわめて少なかった。

　このような学習環境においては、通常、言語に関してどっちつかずになることが多い。この傾向はヨーロッパの多言語社会において、現在でもよく見られる現象である。たとえば、スウェーデンやフィンランド、ベルギーの人たちは「話し言葉」は巧みだが、文章能力は一般的にそれほどでもないことを、私は国連機関の職場で体験した。これは逆に、私にとって、へたなブロークン・イングリッシュでも仕事を十分にやっていける自信になった。とはいえ、国際社会において、コミュニケーション力の重要性はあなどれない。最近日本では、グローバル人材育成と称して、特に英語能力の向上が謳われている。韓国やタイなどのアジアの国の若者と比較しても、日本の学生の英語力は確かに落ちる。いっそうの奮起が求められる。

　グローバルに活躍するためには最低限の語学は必要であるが、それだけでは不十分である。国民（特に若者）のグローバル化に関しては、日本は孤立した環境に取り残され適応性を失っており、いわゆる"ガラパ

ゴス化"が進行している。インドやスリランカなどの多民族、多宗教、多言語国家は、数千年前からすでにグローバル化が進行しており、私たちはこれらの国から学ぶことが多い。

少年時代

　ゼンメルワイスは豊かな想像力をもった、利発で明るい子であった。ハンガリー生まれの彼のマジャール語（ハンガリー語）はドイツ語なまりで、逆にドイツ語はマジャール語なまりで、二つとも中途半端であった。彼はこのように、マジャール語とドイツ語の狭間において幼少時代を送った。ドイツ語なまり、マジャール語なまりの話し言葉はともかく、「書く」ということに対しては、彼は特にアレルギーが強かったという。とりわけ当時のハンガリーにおいては、子どもたちに対する語学教育の環境が整っていなかった。そのせいか、彼は言葉に関して少年時代と学生時代だけでなく、終生劣等感に悩まされたようである。

　人間は幼い時の記憶と、その経験からなかなか抜け出せないものであるが、彼も例外ではなかった。筆者自身も、沖縄から上京した時（1967年）から、同じような言葉の劣等感に悩まされている。当時、東京の大学の友人らは私の沖縄方言なまりを揶揄する前に、「君は沖縄で英語をしゃべっていただろう」などと訊いてきたものだ。誤解もはなはだしいものであった。だから強いなまりがあるのは当たり前だといわんばかりであった。なまりを指摘されるよりも、この誤解のほうが心にグサッと刺さった。

　本土の人たちの沖縄に対する無知と、それに応えられない（英語を話せないという）自分の無能さにあきれるばかりであった。しかし、この種の痛みは私にあまりネガティブには作用しなかった。というのは、私は逆に"なまり"を武器に"オキナワン"を貫き通していた。かといって、私がウチナーグチ（沖縄言語）を流暢にしゃべれるかというとそうでもない。いわゆる、どっちつかずの中途半端なのである。

　いずれにせよ、ゼンメルワイスはこのような語学環境において育ち、語学に関する劣等感は終生ついてまわったようだ。そのことが終生一貫

して口頭発表を忌避する彼の性癖となり、研究成果を論文化するのを怠たらせた。これらは後年の悲劇を生み出す傍因の一つとなったともいわれている。結果として、ドイツ語なまり、またハンガー語なまりは一生涯、彼自身の出自の証明書であった。

　しかしながら、私は、彼の言葉のハンディが学会を遠ざけた大きな理由ではないような気がしている。その理由については後述する。彼は、偏狭的なぐらいに完璧主義的であったと思われる。その証左に、産褥熱の原因追及に対する彼の執念じみた努力が彼を偉大な発見者にしているし、一方で、「悲劇の人」として後世において語られている理由の一つであろうと思われる。ともかく何かを究め未来を拓くためには、このような怨念がましい執念と突貫力が不可欠のようだ。ハンディな語学環境であったが、そのような環境がその後の彼の人生に対してすべて負に作用したのではなかった。ドイツ系移民の子孫としてのマジャール人（ハンガリー人）の執念深い精神と日頃の質素で素朴な生活態度は、全体として、彼にして新しい世界を拓かせる基本的なエネルギーと支えになったと思われる。

　人間の真の強さは、本当の痛みを経験し、いくつものハンディを乗り越え、自分の体験として身体に染み込ませ、当事者としての経験を積んで、初めて確立されるものである。一方で、主流にあっても、社会的に弱い立場に置かれた人たちのことを忘れず、主流から外れた周辺にいる同僚と痛みを共有できるところから本当の"強さ"が生まれ、社会への"愛"が育つのである。もちろん自分の経験だけではなく、広く他者から学ぶこともきわめて大切である。それが「愚者は経験に学び、賢者は歴史に学ぶ」といわれるゆえんである。ゼンメルワイスはドイツ系移民の息子として、受け継いだ移民文化の環境で育ち、質実剛健なドイツ人気質を十分に受け継いでいた。

学生時代

　ゼンメルワイスは父親の影響もあって、17〜18歳（1835〜1837年）の時にペスト大学で哲学を学んだ。しかし、哲学科の詰め込み教育は、自

分の考える力、考察力が削がれるような感じがして、彼は失望した。当時のハンガリーの優秀な人たちにとって、首都ウイーンで勉強することは最大の夢であった。そこでペスト大学での生活に不満を感じていた彼は1837年の秋、ウイーンに向かった。ウイーンの都会の香りは若者の好奇心を高揚させ、再び英気に満ちた生活がよみがえってきた。田舎の人は都会のちょっとしたことに敏感に反応する。

　会計士になることを希望していた父親の期待に背いて、ゼンメルワイスは1837年秋にウイーン大学の法学部に入学した。これは卒業後の将来が嘱望された進路であったが、そこでも彼は学ぶことにほとんど興味を示さなかった。彼はウイーンの町や大学生活を謳歌する若者の一人でしかなかった。多くの学生と同様に彼は仲間と共に芸術などについて激論を交わしつつ、コーヒー店で華やかな街の夜を過ごすのを好んだ。

　そんな時、医学生の友だちの一人に、医学部の解剖学実習の見学に来るように誘われた。これが彼の運命の分かれ目であった。「解剖」というデモンストレーションに彼はすっかり魅せられ、自分の将来は"これ

1870年頃のウイーン・リングシュトラーセ通（Vienna Ringstraße）と国立歌劇場（State Opera）
出典：https: https://en.wikipedia.org/wiki/Vienna

である"と確信するようになった。すると彼はすぐに、法学部から医学部への変更手続きを始めた。この変更自体はそれほど難しいことではなく、登録費を納めさえすればよかった。両親もこの変更に特に反対したような気配はない。

ウイーン大学医学部の講義はすべてドイツ語で行なわれた。しかし、それから半年後1839年の春に、彼はブダに戻り、ペスト大学医学部で2年間医学の基礎を学んだ。帰国のはっきりした理由は不明であるが、兄弟が多く（8人、9人、また10人ともいわれている。出典によって兄弟の数が異なる）、経済的に苦しかったために、両親に呼び戻されたというのが定説となっている。

しかし彼はブダに満足せず、1841年秋に再びウイーン大学医学部へ戻った。そこでは、ウイーン大学やウイーン総合病院の産科病棟において大きな改革が行なわれつつあった。その改革後の話は次章で述べる。

彼はウイーン大学復学後、産科や眼科、外科、内科などの臨床の基礎を一生懸命勉強した。これらの学科はほとんどが必須科目であったが、その教授たちは典型的な体制保持派のつわもので、学生からの信頼は薄かった。

一方で、当時西欧医学の中心地の一つであったウイーン大学医学部にはこれらの体制派とは別に、学生に人気の高い若い学者も多かった。これらの科学者たちは、医学領域の「ウイーン派」第二期を形成し、世界をリードする研究を行なって隆盛を誇っていた。彼らはウイーン派を代表する先鋭な若手研究者として、医学を哲学的な領域からより科学的な学問へと高めていった。そして医学における新しい分野を開発し、その専門性を確立することに貢献した。これらの若い教員たちはゼンメルワイスだけでなく、世界中の若い医学者をウイーン大学総合病院に引きつけ、当該病院を当時世界の医学の中心に押し上げる原動力の一つとなっていた。

ロキタンスキーに病理解剖を学ぶ

ゼンメルワイスは、特に人気急上昇中の3人の若い先生に薫陶を受け

た。その3人とは、病理解剖学のカール・フライヘア・フォン・ロキタンスキー教授、打診法と聴診法の研究で有名な内科ジョセフ・スコダ教授、および皮膚科医長フェルディナンド・リッター・フォン・ヘブラ教授である。彼らはウイーン医学界の第二期の黄金時代を築いた。

ロキタンスキーは1804年、現在のチェコの西部・中部地方ボヘミア生まれで、チェコ・プラハのチャールズ大学（The Charles University：1821～1824）を終えてから、1828年にウイーン大学で医師になった。ゼンメルワイスが医師になった年1844年に、ウイーン大学病理解剖学教室の初代教授に昇進している。彼の講義、病理学はその年から必須科目になった。

ゼンメルワイスは、ロキタンスキーから解剖や病理所見について学んだ。彼はすでに多くの人たちに尊敬されている偉大な病理学者であった。ゼンメルワイスは彼の頼もしい容姿にも魅せられた。ロキタンスキーはまたゼンメルワイスのよき理解者でもあった。彼は後日、ゼンメルワイスの理論をただちに受け入れ、産褥熱に対する誤った見解を記した自著を訂正している。このことから、彼は若い研究者の意見を評価できる柔軟性のある科学者であったことがうかがえる。

ロキタンスキーは、医師が死後解剖を自らしなかった時代に7万体の剖検を指導し、1日2体、週7日のペースで、45年間に3万体以上を解剖したといわれている。これらの豊富な剖検に基づく病理解剖所見によって、彼はマクロ（肉眼）病理解剖学を集大成した。

ロキタンスキーは当時（1841～1846）、病理解剖学ノートを定期的に出版しており、その準備に多忙であったが、このような経験豊かな教授による病理学研修は学生にとってたまらなく魅力であった。新しい学問

カール・フライヘア・フォン・ロキタンスキー
Karl Freiherr von Rokitansky 1804-1878
オーストリア（ボヘミア、現在のチェコ生まれ）の医師、病理学者。1828年ウイーン大学医学部卒、1844年病理解剖学教授。スコダやヘブラらとウイーン医学界の隆盛期を築く。ゼンメルワイスは彼から病理解剖学の薫陶を受けた。出典：https://en.wikipedia.org/wiki/Carl_von_Rokitansky

現在のウイーン大学（The University of Vienna）
1365年創設（651年の歴史）、ゼンメルワイスはここで医学を学ぶ前に法律学を1年間学んだ。現在まで9人のノーベル賞受賞者（医学・生理学5人、物理学2人、化学、経済学各1人）を輩出している。出典：https://www.univie.ac.at/en/

を吸収しようと学生も真剣であった。エネルギッシュなロキタンスキーはさらに「病理解剖学」という新しい領域を拓いた。彼はそれが新しい診断法の開発や治療の手助けになると確信していた。そして病院での臨床に大きく貢献することを疑わなかった。

　つまり、剖検によって観察される器官や組織における病変が外部に現れる臨床症状に対応するという、当時主流でなかった新しい考えを提唱した。彼の名前を冠した症候群や病名、たとえば「ロキタンスキー症候群」（若い女性の原発性無月経と先天性腟欠損を主徴とする症候群）、「ロキタンスキーヘルニア」（粘膜ヘルニア）、「ロキタンスキー腫瘍」「ロキタンスキー・フレリック病」「ロキタンスキー・キュスター症候群」など、いくつか知られている。彼はまた、"in situ dissection"（臓器を互いに連絡を保ったまま取り出す方法）に代表されるような剖検手法も開発している。

　後で述べるが、ゼンメルワイスがロキタンスキーの研究室で学んだ病理学は、彼のその後の産褥熱の仕事に大きく貢献している。ロキタンスキーの研究室においてゼンメルワイスは、産科の課題に興味をふくらま

せ、将来の専門の方向性が徐々に確立されていった。当時、ウイーン総合病院の医師らは、ロキタンスキーの新しい病理学の領域に代表されるように、骨盤解剖学の理解や産褥熱の機序に関心が高く、産科に対する関心も徐々に高まってきていた。

スコダに診断・予防を学ぶ

打診法と聴診法の研究で有名なジョセフ・スコダ教授からも、ゼンメルワイスは大きな薫陶を受けた。彼は、スコダからは診断と予防、特に臨床的所見を予防に応用する衛生学的アプローチを教わった。

スコダは鍵屋の息子として、ロキタンスキーと同様チェコ・ボヘミアに生まれた。彼は1825年にウイーン大学医学部に入学し、1831年に医師になっている。彼は当時、油の乗り切った精力的な30代後半の研究者であった。病院では病理解剖学に関連して臨床研究を実施し「打診法」を開発し、1839年に『打診法と聴診法』という本を出版したが、彼の上司には認められず、間接的にそれが原因でウイーン総合病院を追われた。

彼が開発した「打診法」と「聴診法」は、治療を中心とした治療学の人々から反感を買い、嫌がられていたので、彼はウイーン派のニヒリズムに固執した。彼は、翌年（1840）ウイーン総合病院に新しい分野、胸部内科が開設された時に、その部長として戻ってきた。その時、プラハの医学部の先輩たち、および上述のロキタンスキーは、医学部の多くのスタッフの反対を押し切って、スコダをウイーン総合病院の内科・皮膚科の教授に推薦した。

彼はラテン語ではなく、主にドイツ語で講義した。ペータル2世ペトロヴィチ・ニェゴシュ（Petar II Petrovic Njegos。現在のセルビア・モン

ジョセフ・スコダ Joseph Škoda 1805–1881
ロキタンスキーと同郷、チェコ（ボヘミア）生まれ。1831年ウイーン大学医学部卒、皮膚科医、ウイーン医学大学創設者の一人。ロキタンスキーやヘブラらとウイーン医学界の隆盛期を築く。スコダはゼンメルワイスの仕事を良く理解している一人で強力な支援者でもあったが、彼が何の挨拶もなく突然帰国したことにスコダは立腹して、それ以来再会することはなかったと言う。出典：https://en.wikipedia.org/wiki/Joseph_% C5% A0koda

テネグロ国の指導者：1813〜1851）の"結核"の治療をした医師としても
よく知られている。

　彼の治療方法は、多くの治療薬を用いる当時の方法（彼はそれを無益
であると思っていた）に比べて、きわめて単純で、薬を使わなくても適
切な医学的な管理と適切な食事を施せば多くの病気は治るというもので
あった。あまり芳しい成果を上げることができないでいる治療行為に関
心を払わず、診断と予防を重視した医師であった。また彼は、教育者と
しての責任感も強く、医師として多くの仕事を後世に残している。

　一方で、ロキタンスキーと違って、彼は他人に冷たく、距離を保つ傾
向があった。彼の医学研究に対する方針とその生活態度には相通じるも
のがあり、医学研究においても正確さを尊重する態度は変えなかった。
彼は治療にはまったく興味を示さなかった。生涯独身であった。

　スコダはおそらく誰よりもゼンメルワイスの原則を医学界に宣伝した
人である。しかし、ゼンメルワイスが誰にも連絡・挨拶することなく無
言で、ウイーンを離れたことにスコダは激怒し、ゼンメルワイスを一生
赦すことはしなかった。その後、彼はゼンメルワイスの名前を口にする
ことは一度もなかったという。

　ゼンメルワイスは、スコダの予防的アプローチに感銘を受けるだけで
なく、これまで医学の領域であまり取り入れられていなかった「統計」
の利用や、事実を積み上げる彼の方法も学んだ。ゼンメルワイスは、ロ
キタンスキーとスコダという偉大な恩師から多くの薫陶を受けて、それ
を将来の仕事の糧にして"世紀の大発見"につなげていった。

ヘブラに皮膚学を学ぶ

　フェルディナンド・リッター・フォン・ヘブラ教授は、1816年チェ
コ・モラヴィアの生まれで、ゼンメルワイスが医学生の時に、25歳の若
さで胸部内科の助手に採用された。ゼンメルワイスよりたった2歳年上
であった。ヘブラはいみじくも、先輩のロキタンスキーとスコダと同郷
（チェコ）であった。

　ヘブラは1841年ウイーン大学医学部を卒業し、ロキタンスキーの薫陶

を受けていた。また、ウイーン総合病院の皮膚科は1841年に開設され、スコダが部長であった。ヘブラは、スコダに師事し、胸部疾患の診療に従事した。この時に、過密状態の病室で多くの患者が皮膚病にかかったことから、当時軽視されがちだった皮膚領域の疾患に興味をもつようになった。

　ヘブラは、ウイーン大学医学部の皮膚科の創始者としても有名で、彼を筆頭とするウイーン派の医師たちは、その後の皮膚科の発展に大きく寄与したといわれている。彼の著書『皮膚疾患の地図』（教科書）は多くの国の言語に翻訳され、現在でも、皮膚科領域の中でもっとも影響力のある出版物の一つであるといわれている。ヘブラは自信をもって独自に皮膚科学を開拓していたが、彼の出世には、同郷の先輩たちの支援も大きかった。

　ゼンメルワイスは彼の皮膚科学の講義に大変興味をもち、多くのものを学んだ。年齢が近いせいもあって、二人はすぐに意気投合した。ゼンメルワイスは1844年2月までに、医学部卒業に必要な単位と試験をすべて終え、その年の3月に『植物の生命について』という卒業論文を仕上げていた。後はただ4月の卒業式を待つばかりであった。

　しかし、ゼンメルワイスは、母親が危篤という知らせをもらったために、ウイーン大学医学部卒業式の前日に、大学事務局と先生方に連絡することなく、突然ブダに帰国した。後述するが、彼は後日、ロキタンスキー教授やスコダ教授、ヘブラ教授ならびに友人らに一言も連絡なく、同じように衝動的にウイーンを離れ、ブダペストに帰国している。しかし、ヌーランドによると、ゼンメルワイスは医学部の事務局に卒業を6週間延期することを要請し、自国に帰るということを証明書に署名して

フェルディナンド・リッター・フォン・ヘブラ
Ferdinand Ritter von Hebra　1816-1880
現在のチェコ・モラヴィア州ブラの生まれ。1841年ウイーン大学医学部卒、皮膚科医。ロキタンスキー教授の薫陶を受ける。産褥熱の予防に対するゼンメルワイスの手洗いの効果を初期から支持した一人。またゼンメルワイスをブダからウイーンに呼び寄せ、精神病院に入院させたことでも知られる。出典：https://en.wikipedia.org/wiki/Ferdinand_Ritter_von_Hebra

いる、という——。

　とすれば、後年のウイーン脱出の前兆が彼の学生時代にすでに発見できる。ウイーン大学医学部の卒業式は大学行事の中でももっとも重要な厳粛な儀式で、簡単にキャンセルすべきものではなかった。彼の無礼千万なこのような一連の態度が、後年、これらの恩師を含む多くの人に彼が嫌われる誘因の一つであった。彼がブダに帰国して数日後、母親のテレジアは重篤な慢性腎炎で亡くなった。その1週間後に彼はウイーンに戻り、1844年4月、医学士の称号を受け医師になった。

産婦人科医へ

　ゼンメルワイスは、医学部卒業後はウイーンに残る予定ではないことを宣言していた。卒業前に母親が亡くなり、一人になった父親の心情などを勘案して、彼は故郷に帰国することを考えていた。ウイーンで医師になるという大きな目標を達成し、母国に対する愛情も大きく芽生えてきたのではないだろうか。彼は祖国で一般家庭医となって、地域の人たちの医療に関わりたいと思っていたようである。また、当時、オーストリア・ハンガリー帝国の束縛から逃れて、ハンガリーでは独立のための政治的な動きも活発であった。人一倍マジャール（ハンガリー）精神を秘めたゼンメルワイスにとって、帰国するという気持ちは当然のことながら強かったと思われる。

　しかしながら、前述の3人の恩師は有能な学生が帰国し、ただ一般家庭医になることには反対で、ウイーンに残って専門医の道を行くように

ヨハン・クライン　Johann Klein　1788-1856
ウイーン大学（ウイーン総合病院）産婦人科教授。ゼンメルワイスの直属の上司。ゼンメルワイスの手洗いの効果を認めず、助手のポストを解任。その経緯を簡単に紹介すると、1849年1月、若い新米のスコダ教授がゼンメルワイスの仕事を検証するためのウイーン大学医学部調査委員会の設立を要請した時に、クライン教授も同意した。しかし、実際に委員会が立ち上がった時には、クライン教授は委員会の委員ではなく、設立の趣旨にも反対した。クライン教授はゼンメルワイスの仕事に対して恐怖を感じていた節がある。また、医学部の若い教授たちとクライン教授との権力闘争があったとも言われている。クライン教授はトップの事務方に仲裁して、スコダ教授の提案を潰してしまった。その2か月後、1849年3月に、ゼンメルワイスは第一病棟を解雇され、世話になった関係者に何の連絡もなく帰国した。出典：https://en.wikipedia.org/wiki/Johann_Klein

彼に勧めた。彼らはゼンメルワイスの探究心の強さ、研究者としての高い資質を見逃さなかった。後述する産科のヨハン・クライン教授も、若いゼンメルワイスの勤勉さと能力を高く評価していたようである。

ゼンメルワイスは学生時代に、3人の先生の魅力に取りつかれており、その指導のもとで研究の面白さをすでに学んでいた。そして何よりも彼らを尊敬していた。人の出会いによって私たちの人生は大きく変わる。人生行路において何を学ぶかは重要であるが、それ以上にその過程で"誰に会うか"ということがより重要である。その誰かの一言は、何十冊の本の内容にも勝るものだ。ゼンメルワイスにとって、3人の恩師との出会いはまさに運命的なものであった。

さて彼らは、ゼンメルワイスが、彼らの研究領域に興味をもってくれるものと期待していた。彼が、権威主義のかたまりで、学生に不人気なクライン教授が担当する産婦人科の分野に進むということを聞いて、3人の恩師はがっかりした。卒業した年（1844年）の夏に、彼は産科の勉強に専念した。さらにクライン教授の義理の息子ヨハン・チアリ博士（クライン教授の助手を務めていた）のもとで助産術研修を受けた。チアリ博士はゼンメルワイスより1歳年上で、二人はすぐに意気投合するようになった。二人は、産褥熱の病理や臨床を含め、産婦人科の諸問題一般について真剣に議論した。これまでにいわれている産褥熱の原因についても、二人は非常に懐疑的であった。これらの疑問が、産科そして産褥熱に対するゼンメルワイスの探究心をあおり、彼は研究の道へと猛然と突き進んでいく。

ヨハン・チアリ　Johann Chiari　1817-1854
オーストリア生まれ。ヘブラと同じ1841年にウイーン大学医学部卒、産婦人科医、ゼンメルワイスの先生の一人、クライン教授の義理の息子。1842-1844年にクライン教授の下で、ウイーン総合病院で働く。ゼンメルワイスの理論に賛同していた。
出典：https://en.wikipedia.org/wiki/Johann_Baptist_Chiari

病理解剖に没頭

　ゼンメルワイスは1844年8月、産婦人科専門医として認定された。そして翌年の11月には外科の博士号を取得したが、彼はこの専門にはほとんど興味を覚えなかった。

　彼はその年の夏に、クライン教授の病院助手のポストに応募したが、夢は叶えられなかった。しかし、その候補者として認められ、産科の研究に打ち込む環境を確保することができた。産科病棟での臨床研究ということではなく、ロキタンスキー教授の指導のもと、死亡した産褥熱の患者の死体の解剖、病理の研究に明け暮れていた。つまり、診断と死亡の検死、解剖の業務を精力的にこなしていた。そして解剖後、毎朝、彼は産科病棟に直行し、手も洗わずに妊婦を内診し、分娩を手伝っていた。後日、彼は自分のこの行為に苛（さいな）まれ、究極的に、その苦悩が彼を悲劇の死の淵へと導いていくことになる。

　理由は不明であるが、この年の瀬に、彼はスコダ教授の助手ポストに応募した。しかしスコダは最初、彼に関心をもっていたものの、どうしたことか、そのポストは彼にはまわってこなかった。彼が専門領域を変えようとした背景はよくわかっていないが、おそらくクライン教授の性格を熟知するようになって、彼から"遠ざかりたい"という一心ではなかったかと思われる。とりわけ学生時代に、その時代を代表する3人の恩師の薫陶を受けていた彼にとって、クライン教授の無能さと官僚的な保守体制などから一線を画したかったのではないだろうか。ゼンメルワイスの気持ちは十分すぎるほどわかる。

　しかしながら、研究領域を変更することに失敗し、悲嘆に暮れ、失望

ラヨシュ・マルコソフスキー　Lajos Markosovszky　1815–1893
ハンガリー生まれの外科医、かつ公衆衛生にも造詣が深かった。ハンガリー医学雑誌の創設者・編集者、教育者。当該医学雑誌は現在でも出版されている。マルコソフスキーとゼンメルワイスはウイーン大学法学部で知り合う。マルコソフスキー自身医学に転向する前には法律を学ぶ。彼はゼンメルワイスの3歳年長で、解剖の授業にゼンメルワイスを誘ったのが原因で、ゼンメルワイスも医学を志すようになった。それ以来、二人の友情は生涯続いた。出典：https://en.wikipedia.org/wiki/Lajos_Markusovszky

したが、それも長くは続かなかった。逆にそれがバネになって、産科の研究にこれまで以上にのめり込んでいった。栄枯盛衰は人生の常であるから、これぐらいのことに一喜一憂していられるか、とマジャール人魂がゼンメルワイスに強く蘇ったのだろうか。

そんな時に、ブダに残していた父親が亡くなった。2年のうちに両親を亡くした悲しみは大きかった。異国の地において、このような悲しみに独りで耐えることほど辛いものはない。ふつうの人なら仕事もすべてなげうって帰国していたであろうが、ゼンメルワイスは逆に、仕事に打ち込むことで、この悲しみを乗り越えようとした。同郷の生涯の友人ラヨシュ・マルコソフスキーの支えもあって、そして研究に没頭することによって、彼はこの苦難を凌駕しつつあった。

うれしいことに、こんな時（1846年2月）、ゼンメルワイスはクライン教授のもとで産科の臨時助手に採用された。だが産科病棟、特に第一病棟では多くの若い妊婦たちが相変わらず命を落としていた。彼はこのように、産科医になる前の2年間を無駄に過ごしていたわけではない。ロキタンスキー病理解剖学教授とスコダ内科教授のもとで、医学的修練を積んだ後に産科の助手のポストに就いたが、この2年間の修練は彼の将来の研究理念や実践にも大きな影響を与えた。結果として、この修練が後日、彼が新しい分野の産科において輝かしい成果をあげる傍因になったと思われる。

彼が没頭したように、研究においては一つの領域に専念し、さらに深め、具現化することが肝腎である。現代においても、独自の分野における造詣に加え、他分野・領域とのコラボレーション（Multi-disciplinary approach）後に、その先で、新しい学説の統合、そして確固たる一つの学問が確立される。もし、ゼンメルワイスが病理学や内科の分野で助手のポストを得ていたなら、産科医になることはなかっただろうと思われる。産科医になったのは人生の偶然のいたずらのような気がする。しかしながら、生涯、この"いたずら"に彼は命をかけることになる。

汚れは誇りの象徴

ゼンメルワイスは医学部を卒業後、新ウイーン学派に染まって病理解剖に明け暮れていた。解剖室のとなりの産科病棟では産褥熱で若い妊産婦が次から次へと死んでいたので、解剖する検体には困らなかった。

彼はほかの医師と同様に、解剖室を毎朝訪れ、死亡の原因、すなわち「死因」を特定するために、時間を惜しむことなく病理観察に没頭していた。産褥熱によって亡くなった死体は、お腹に膿が溜まり、そこを開くと鼻をつくような強烈な悪臭を放っていた。解剖に慣れていない医学生はその臭いだけで吐く者もいたという。

産褥とは、妊娠から分娩を経て、それ以前の妊娠していない状態に戻るまでの期間を意味する。この期間に、妊産婦はしばしば発熱の症状を呈し、死に至る重篤な病気、すなわち産褥熱を発症することがあった。

当時、産褥熱は予防できないもの、そして妊産婦に与えられた神からの試練であり、妊産婦の当然の務めであるかのように考えられていた。女性は妊産婦として産む苦しみのほかに、それによって自分が死ぬかもしれないという、二重の危険に常に曝されていた。

ゼンメルワイスはふつうの医師以上に、この現実に頭を悩ませていた。輝かしい未来のある若い妊産婦をどうにかして救えないか、と彼は終始考え続けていた。これからの人生を謳歌すべき若い女性の死を、彼はどうしても受け入れることができなかった。そこで、この病気から彼女らを何とかして救いたい！　神に告げられた啓示であるかのように、彼はこれに固執した。

ゼンメルワイスは産科病棟のとなりの解剖室で死体を解剖した後に、手を十分に洗うこともなく、産科病棟に駆けつけ、妊産婦の内診をするのが彼の日課であった。自分の"汚れた手"が若い妊産婦の生死に関与していることなど、その時彼は微塵も考えなかった。解剖室において汚した作業着（当時は汚れが目立たないように黒衣）を着たまま産科病棟に直行するのが大方の習慣で、黒衣は死体からの血液や膿で汚れ、臭かった。手も石鹸で洗ったぐらいでは臭いが取れなかった。

当時、医療従事者は、内診や手術前に"手洗い"を励行するという習慣はほとんどなかった。逆に、汚れた作業着と臭い手や身体は彼らの"誇り"の一端を象徴するものとして捉えられていた。

このような時代においても、ゼンメルワイスは少年の目をもった、孤独な観察者のように振る舞っていた。

医学研究のメッカ・ウイーン総合病院

ウイーン総合病院の開設は第2次ウイーン・トルコ戦争後の1686年、ヨハン・フランク博士（Dr Johann Franckh：1686年に病院の敷地を提供した）までさかのぼり、まず軍人病院としてオープンした。1693年にはレオポルド1世（Leopold I, Holy Roman Emperor 1640-1705）が大病院の建設を企画し、1697年には第一病棟が完成した。当時1,000人以上の人がそこに勤務していたという。その後、産科病棟を含むいくつかの病棟が構築され、病院はヨーロッパでも屈指の大きさのものに成長していった。ウイーン総合病院における産科病棟の変遷の歴史は、その後に発生する歴史的事件につながるものであった。

この変遷には、オーストリアでもっとも有名な国王の一人とみなされているマリア・テレサ女王とその息子ジョセフ2世（Joseph II 1741-1790）が深く関与している。マリア・テレサの夫、（神聖ローマ皇帝）フランシス1世（Francis I 1708-1765）の1765年の死亡から、1780年の彼女の死までの15年間、彼女は息子ジョセフ2世とともに国を治めた。マリア・テレサは当時、将来を展望することに長けていると見なされていた医師の一人、ジェラルド・フォン・スウィーテン博士の指導の下、公衆衛生や医学の分野において多くの人道主義的な改革を実施した。

マリア・テレサ Maria Theresa 1717-1780
神聖ローマ皇帝カール6世の娘で、ハプスブルク＝ロートリンゲン朝の女帝。出典：
https://en.wikipedia.org/wiki/Maria_Theresa

彼女は女王時代の末期に、ウイーンの町に大きな病院を建設する企画をもっていた。女王は16人の子持ちで、妊産婦や産科ということに特別な関心があって、妊産婦のニーズに対応できる新しい病院を建設することを命じた。

ジョセフ2世は母親の意志を継いで、それを実行に移した。その計画は最終的にウイーン総合病院からウイーン大学へと発展し、実を結ぶことになった。大学での教育効果を高め、隆盛を促すために、ジョセフ2世は当時の有名な科学者や医師を募集し、財政的かつモラル的な支援も惜しまなかった。そしてついに1784年、彼は当時世界最大の産科病棟を構築するとともに、ウイーン総合病院を拡張し、母マリア・テレサの意志をしっかり成就させた。母親の意志と彼女との約束を達成するために、彼は産科病棟について特別な配慮をした。この総合病院は、雄大な環境の中に堅牢にして美麗なる四角形の2階建ての建物であった。

こうしてウイーンは19世紀の半ばごろ、ヨーロッパ、いや世界の医学のメッカとなり、世界中から多くの医学者や研究者がウイーン総合病院へ留学に訪れていた。

時代はかなり経って、ウイーン総合病院はウイーン大学に改組し、その後大学は法人化され、医学部は2004年にウイーン医科大学として独立した。

避難所であり家でもあった産科病棟

ヨーロッパでは18世紀に多くの病院が建設された。イギリス全土で1736～1799年の間に32の病院が開院され、ロンドンだけでも1719～1745年の間に5つの病院が建築された（ウェストミンスター病院：1719年、

ジェラルド・フォン・スウィーテン　Gerard van Swieten　1700-1772
1745 年に、マリア・テレサの主治医になる。オーストリアの医療システムや大学の医学教育の変革に取組んだ。出典：https://en.wikipedia.org/wiki/Gerard_van_Swieten

ウイーン医科大学（Medical University of Vienna）
1365年創立のウイーン総合病院に由来し、ウイーン大学を経て、2004年に単科医科大学として独立。出典：
http://www.austrianinformation.org/fall-2015/university-of-vienna-650-years

ガイ病院：1721年、聖ジョウジ病院：1733年、ロンドン病院：1740年、ミドルセックス病院：1745年）。18世紀には、この現象がヨーロッパ大陸にも浸透し、多くの病院が開設された。上述のとおり、ウイーン総合病院の正式なオープンは1784年である。

　病院の急増は前章で述べたように、18世紀に始まる工業化に伴って、多くの人が地方から都市へ流入したことに関係している。都市部への人口流入は都市の混雑をもたらし、生活環境や衛生状況の悪化へとつながって、結果として病気が流行し、傷害が増加するようになった。そこで、病院の必要性が年々大きくなっていった。と同時に、貧しい人々に対する社会や個人の責任感の高まりが、これらの人々のために病院を建設しようという気運となった。

　当時、裕福な人は自宅で治療を受けるのがふつうであったが、ロンドンのような大都市では、貧困者が増え、彼らは金持ちのような選択肢はなかった。このような背景から、大都市では病院の建設ラッシュが始まったともいえる。病院は医学の教育研修の中心へと発展し、進歩が著しい医学の理論や実践に対応していった。

62

　18世紀の半ばころまで、特に「産科」に対応する病院は非常に数少なかった。それは当時の医師が産科の領域にあまり関心を示していないこととも関連しているように思える。しかし病院には多くの患者が集まったので、医学生の研修には欠かせないものになった。その背景には17世紀の初期に導入された効果的な"産科鉗子"（胎児の頭を挟むための器具）が頻繁に使われるようになり、外科的手法の一つとして見なされるようになってきたこと。技術が高度になり、知識がますます複雑になるにつれて産科を正式に研修する必要性が高まり、産科は独立した分野であると見なされるようになってきたことなどがある。その結果、貴族の人たちや裕福な人たちも出産のために病院を使うようになってきた。

　18世紀の後半ごろから、妊婦が病院で出産する傾向が強まってきており、病院に産科病棟が併設されつつあったが、それ以前までは、特に裕福な婦女は家で助産師の助けを借りて出産するのが常であった。病院は本来、貧しい女性やいわれのある妊婦らが利用するという"慈善事業"として存在していた。実際、19世紀に入っても金持ちの婦女はまだ自宅で出産することが多かった。それでも、産科が進歩するにつれて、医師は合併症を伴った患者に対して最善の治療を提供するために、病院を拠点として働くことが多くなった。一般に、病院は、重症な患者とともに、行くところがない、貧乏な妊婦が利用した。そのような女性にとっては産科病棟は避難所であり、ウイーン総合病院は実際、彼女たちの「家」であった。患者が希望すれば、妊娠初期に入院することもできたし、出産後、匿名で病院に長期に滞在することもできた。このような病院の寛大な措置が、シングルマザーやその他の原因で妊娠している妊婦の人工中絶を控えさせる原因の一つにもなっていた。また、病院側は、学生の研修のために、いろいろなバックグランドの妊婦が必要であるという事情も背景にあった。

統計データで実証

　結果として、ゼンメルワイスの後年の大発見の基礎は、これらの先輩の薫陶を受け、これまでの医学では行なわれてこなかった「事実」と

「統計」を統合したことにある。彼は文献には残していないが、毎日の病理解剖所見から多くの事実を積み上げていた。また、この事実を自分のものにし、最後まで温め続けていた。「チャンスは準備されたものに微笑む」といわれるように、この丹念な、そして地味な仕事を通じてチャンスをつかまえる心の準備ができていたように思う。チャンスはとつぜん訪れるものではない。入念な準備をしている者にのみ訪れる。本著は、チャンスを逃さなかったゼンメルワイスの物語でもある。

また、彼はこれまでの研究者と違って、研究探索のために統計データを存分に利用した。一人の例外をあげるとすれば、「メンデルの法則」（遺伝の法則）で有名なグレゴール・ヨハン・メンデルである。オーストリア生まれのメンデルもゼンメルワイスとほぼ同じ時代にウイーンで勉強している。統計データを総合的に一貫して活用したことが、大きな発見の手がかりになった点において、二人はまた共通している。

ゼンメルワイスはウイーン総合病院に保管されていた出生と死亡に関する75年間のデータを詳細に解析し、評価した。彼は臭いでしか確認できない死体の何らかの"未知の物質"の存在の証拠として統計データを引用したのである。このデータを病棟の活動に照らして、すなわち病理解剖方法導入前後の産褥熱による死亡率の違い、産科病棟が第一病棟と第二病棟の二つに分割される前と後の死亡率の変化、医学生と助産師の振り分け前後の死亡率の格差など、すべて統計データをもって裏づけている。たとえば、第一病棟と第二病棟における産褥熱による死亡の格差はウイーン市民にまで広く知られていた事実だが、統計データをもって実証したのは彼が初めてであろう。

さらに、担当教授の教授方法を集めたデータに適用して、教授方法の

グレゴール・ヨハン・メンデル Gregor Johann Mendel 1822-1884
現在のチェコ・ブルノの司祭。メンデルの法則を発見、遺伝学の祖と呼ばれる。メンデルの法則は彼の死後50年経ってから確認された。出典：https://en.wikipedia.org/wiki/Gregor_Mendel

違いと産褥熱の死亡率の関係を適切に検討し、病理解剖的なアプローチの導入と死亡率が連動することを提示する。ウイーン総合病院産科病棟での産褥熱流行の歴史（流行の頻度と重篤度）は、病院における病理解剖的姿勢と直接に関係していることを明らかにしていく。

　また、アイルランド・ダブリンの産科病棟における産褥熱に関するデータをウイーン総合病院のデータと比較検討することで、疑わしい仮説を棄却する。中立な統計データをもっていろいろな仮説を理路整然と消去していく探索のプロセスは、ときどき過大評価していることもあるが、大勢には影響がなく、終始一貫した論理を展開している。そしてついに、「犯人は第一病棟に潜んでいる」と確信していった。

　一方で、ゼンメルワイスは543ページの著書『産褥熱の原因、概念、および予防』の中で65個の表を使っているが、これらの表はかなり重複しており、病棟別、年次別、月別などのデータに並べ替えれば、ほんの数個の表で彼の原因究明のプロセスを十分に説明できる。また病理解剖実習やインターベンション（手洗いの介入）の導入日を追加し明記すれば、一つのデータベースにまとめることができる。また、大勢には影響しないが、原著に見られる死亡率はかなり不正確である。この不正確さを指摘している論文や書物を、私は知らない。

医学界最大の問題──産褥熱

　ゼンメルワイスはクライン教授のもとで多くの辛苦をなめながら、これまでずっと懸案とされている医学界最大の問題に対峙していた。ふつうの人間ならその厚い壁に撥ね返され、叩きのめされていたかもしれない。

　彼には、多くの若い妊産婦がいとも簡単に命を落としていく現実が受け入れられなかった。何とかしてその命を救い、生まれたエンジェルと若い女性をその親族のもとへ安全に送り届けたいという、彼の一念が固い岩に穴を開けつつあった。彼はまだ28歳、ウイーン総合病院産科第一病棟の「臨時助手」であった。彼は産科病棟にアクセスができて、内診さえできればポストの高い低いはいとわなかった。産褥熱の病理解剖に

専念できれば、彼にとってほかのことは些細なことでしかなかった。病理解剖学のロキタンスキー教授や内科のスコダ教授など、新ウイーン学派の強い影響を受けていたゼンメルワイスは、産褥熱の病理解剖に引き続き没頭した。産褥熱をとことん知るためにはその病像の変化を正しく観察し、生前と死後の病理解剖的変化を比較することであった。彼は産科医でありながら、毎朝、産褥熱で死亡した若い遺体の病理解剖に熱心に取り組んでいた。

　当時、病理解剖を実施し、病気の病理学所見を検討し、病因に迫る手法が医学界で主流になりつつあった。特に病理解剖学のロキタンスキーを中心とした新ウイーン学派は、病理解剖を重視した。ロキタンスキーは当時世界中でもっとも多くの剖検を実施した人といわれるほどの病理学者であった。ゼンメルワイスはとにかく病理解剖をこなした。ロキタンスキーの強い薫陶を受けていた彼は、産褥熱で死んだ妊産婦の病理解剖を通じて、その原因を示唆する何らかの手がかりをつかもうとした。それには習得した病理学の知識と技術が産褥熱の原因究明に大いに役立った。

　生真面目で緻密・繊細な精神の持ち主であったゼンメルワイスに「病理学」は向いていたように思う。彼はその研究手法、および研究を行なうための精神と心構えを最高のかたちで習得した。学問は技術の習得だけではなく、その本来の目的を広く深く理解し、その学問を実践するための「心」の学習が重要であることをゼンメルワイスは示している。

アカデミック・ハラスメント

　ゼンメルワイスの直属のボス、ヨハン・クライン教授は政治と行政の中心にあって、そのコネをうまく活用して医学界のドンとして収まっていたものの、医学研究では逆に公平な判断ができなかったといわれている。クライン教授は、世紀の大発見であるゼンメルワイスの学説を亡くなるまで一貫して拒否し続けた。彼の無能さのために、どれだけ多くの女性と子どもが命を落としたことだろうか。

　産褥熱の病気そのものとの闘いとは別に、ゼンメルワイスは産科病棟

を担当する無能なクライン教授の、現代でいう"アカデミック・ハラスメント"に耐えなければならなかった。実際、このハラスメントはクライン教授が亡くなる1856年まで続いた。しかしながら、このような厳しい研究業務体制のもとでも、毎朝、解剖室において、教授回診が始まる前に、特に産科の予防・治療そのものとは直接的にあまり関連のないと思われていた病理解剖に専念していた。この剖検活動に明け暮れたことが、後日彼をして未来の扉を開くことにつながるのである。

　いつの時代にも狭隘な精神をもった「御用学者」はいるものだ。当時のドキュメントや伝記のほとんどがクライン教授の無能さを証明している。ゼンメルワイスの理論（学説）が医学界でなかなか受け入れられなかった背景には、クライン教授とゼンメルワイスの確執があったことも一つの理由であると思われる。

　クライン教授はゼンメルワイスの有能さを認めていたし、彼が社会の中でたまたま不利な立場に置かれた人たちに異常なまでに関心を示していることも知っていた。クライン教授は、彼が頻繁に持ちこんでくる疑問や質問に対して適切な指示を与えることはしなかった。というか、教授にはその能力がなかった。クライン教授は有能な若きゼンメルワイスを怖れたばかりだけでなく、また彼の産褥熱に対する学説にも怯えた節がある。自己防衛のために彼を遠ざけ、その学説を抹殺しようとした。クライン教授の策謀は成功したかのように見えた。なぜならゼンメルワイスは1850年ウイーンから追い出され、彼の学説は闇の中に葬られたかのようだった。

　クライン教授はゼンメルワイスの執拗な執着心に戸惑っていた。ゼンメルワイスが主任を務める第一病棟の高い死亡率の原因究明のための委員会が開かれようとしていた。クライン教授は、飼い犬に手を噛まれるような不安にかられた。不安になればなるほど、悪知恵が働く男である。宮廷や役所のコネを利用して、自分に不利なものを抹殺するために手段を選ばない狡猾な方法を周到に準備し、ことごとく成功させていた。クライン教授は研究では無能だが、まさにこの種の裏芸ではすこぶる有能であった。

産褥熱との闘い

　病理解剖や内科から産科に専門を変更する時点で、ゼンメルワイスの心は決まっていた。若い妊産婦の病理解剖を行ないつつ、彼は夢見たのであろう。もっとも健康であるべきこれらの若い妊産婦と赤ちゃんの命を何とか救えないかと……。彼は産婦人科医として、臨床的にも公衆衛生的にも当時重要であった産褥熱の原因究明と対策、治療に生涯をかける決意をした。この自分に課した使命は彼の意志とは違う方向に流れることもあったが、彼の旺盛な探究心はその雑念を払拭した。その使命が彼の終生の大事業となり、畢生（ひっせい）の悲願となっていった。

　ここから、彼をして"不死身のマジャール人"（ハンガリー人）の精神が発揮されていく。彼の飽くなき探究心は、既知の理論にとらわれず、現実に満足せず、統計データを用いて注意深く観察し、考察していく。彼はこれらの統計データを利用して、これまでに産褥熱の病因として知られているあらゆる要因をしらみつぶしに洗い出しては、その一つひとつに実験を繰り返し検証していった。

　現代のがんの完全治癒の研究にも匹敵するような、当時の大家さえもてあました難題に、常人ならぬ精神力をもって彼はチャレンジしていた。しかし、28歳の臨床家の闘いは平坦ではなかった。これまで多くの研究者や臨床家らが失敗し、頓挫してきた大きな壁に挑戦するということは、強い使命感がなければ貫徹できるものではない。教授が、同僚が、誰が何といおうが、彼は若い妊産婦の命を救うために、懸命に努力した。使命感をもって挑戦すれば、必ず解決につながるという保証はない。しかし、ゼンメルワイスはそれを保証してもらうために研究しているのではない。ただ、若い生命を何とかして守りたい、という一心で必死に頑張っているのだ。この頑張りがまわりの雑念を振り払って、彼をして問題解決に集中させた。

　ところが彼のこのような行為が、多くの母親たちを死に至らしめていたのだが、本人はもちろん、当時の医学者は誰もわかっていなかった。産褥熱が現在の"医原病"と同じような病気であることを認識するまでに

は、この時医学界はまだ成長していなかった。

　一方で、このような峻烈なまでの努力がなければ、何千・何百年におよぶ医学の難問（産褥熱は絶好のターゲットである）は解決されなかっただろう。仕事を一つ成し遂げるには、それにこだわり過ぎるということはない。

悲劇のはじまり

　前述したように、ゼンメルワイスは医師になってから2年間、病理解剖に明け暮れた。解剖後、産科病棟に直行することも多々あった。1844年の中ごろ、とつぜん産科医になることを決意するが、明確な理由は不明である。

　彼は若いにもかかわらず、世の中の不正や不可能なものに正面から取り組む真摯な態度と心構えを十分持ち合わせていた。また、クライン教授の無知と軽薄さに、逆に勇気を奪いたたせたのかもしれないし、完全に健康である若い妊産婦が産褥熱で簡単に死んでいくという、不可解な問題を何とかしようと思ったのだろう。いずれにせよ、困難に立ち向かうゼンメルワイスの気概はきわめて広く、深く、高いものであった。彼は、クライン教授の第一病棟の臨時助手に採用されてから、教授の朝の回診に間に合わせるために、寝る時間も惜しんで仕事をした。彼はすべての患者の面倒を見るとともに、学生の指導も行ない、必要なら手術も行なった。さらにこのつらい仕事に加えて、病棟に行く前に病理解剖も多くこなしていた。

　約4か月の臨時助手の任務を終了後、正式の助手に任用されて、彼はさらに忙しくなった。40人の医学生の教育指導のほかに、妊産婦の内診、分娩、病理解剖などの仕事は睡眠時間を犠牲にしなければならなかった。この間、助手就任最初の月、7月の第一病棟での産褥熱による死亡率は13.15％、8月は18.05％に達していた。このデータは第二病棟の数倍であった。彼は、この違いは本当でないと疑おうとするが、目の前の統計の数字はまぎれもない事実であり、じつに心底から悩んだ。

　二つの病棟間での大きな死亡率の差は何で説明したらよいのであろう

か。この格差の原因を究明することに、彼は必死に取り組んだ。ゼンメルワイスは、二つの病棟における死亡率の違いを最初に気づいた人ではないが、いろいろな過去の統計を利用して、二つの病棟の死亡率の違いを定量的に提示した初めての人であろう。多くの人たちはその違いを知りながらも、それ以上のことはしなかったし、それを当然のこととして受け入れていた。

　ゼンメルワイスもその人たちの一人であれば、彼の悲劇は起こらなかったであろう。そして、高い地位を得た産科医として優雅な一生を送ったかもしれない。しかし彼は、これらの社会的名声とは無縁な生涯を選択したのだった。

死亡率の差を定量化

　前述のように、二つの病棟における産褥熱による死亡率には大きな違いがあることが知られていた。それではどのくらいの違いがあったのであろうか。ゼンメルワイスは病棟に保管されていた統計データを用いて、1841〜1846年の第一病棟と第二病棟における出生数と死亡数、そして死亡率を計算した（**付録2**）。私はそれを**図1**に示した。

　これらの資料によると、第一病棟の出生数は第二病棟のそれより約11％（6年間の合計20,042人−17,794人＝2,248人）多い。第一病棟の分娩数が多いのは、第一病棟では週のうち4日間、第二病棟では3日間の患者を受け入れていた事情による。すなわち週末の2日間は第一病棟だけが妊産婦を受け入れていた。つまり第一病棟は、① 月4PM〜火4PM、② 水4PM〜木PM、③ 金4PM〜日4PM（週末の2日間）合計4日間、第二病棟は① 火〜水、② 木〜金、③ 日〜月、合計3日間ということであった（**表3**）。

　産科病棟が二つに分けられたのは、1840年10月10日の王立法令、1840年10月17日の裁判所命令、および1840年の行政条例によるもので、すべての男子医学生は第一病棟、そしてすべての女性の学生（助産師）は第二病棟に配置された。これらの法令以前は、産科の医学生と助産師は同数ずつ二つの病棟に割り当てられていた。

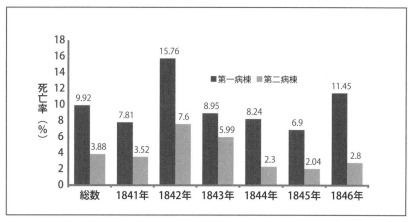

図1　第一病棟と第二病棟における産褥熱死亡率の比較、1841年～1846年

曜日時間	月曜日4PM ～ 火曜日4PM	火曜日4PM ～ 水曜日4PM	水曜日4PM ～ 木曜日4PM	木曜日4PM ～ 金曜日4PM	金曜日4PM ～ 土曜日4PM	土曜日4PM ～ 日曜日4PM	日曜日4PM ～ 月曜日4PM
第一病棟	○		○		○	○	
第二病棟		○		○			○

表3　第一病棟および第二病棟への患者の週間割当表

　図1からわかるように、第一病棟の6年間の年間平均死亡率は9.92％で、第二病棟の3.88％に比べて約2.56倍高い。1846年の単年だけを見ると、第一病棟での死亡率は11.45％で、第二病棟では2.80％、その違いは4.09倍であった。また、1842年に第一病棟では死亡率が15.76％まで上がっている。第一病棟での死亡率は6.90％～15.76％、第二病棟では2.04％～7.60％の範囲で変動しているが、1841年～1846年のいずれの年度においても、第一病棟は第二病棟よりも高い死亡率を示していた。

　両病棟における産褥熱による死亡率の格差はこの期間（1841～1846年）に、約1.5倍から4.1倍と変動していた（図2）。この違いの具体的なことはともかく、ウイーン総合病院の医療従事者だけでなく、ウイーンの一般市民にも大きな格差が存在することは知れわたっていた。

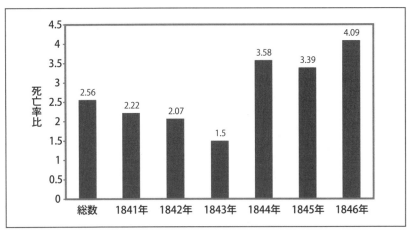

図2　第一病棟と第二病棟の産褥熱死亡率の比

　ゼンメルワイスによると、第一産科病棟の死亡率は実際もっと高かったという。なぜならば、第一病棟の重症な患者はウイーン総合病院に移され、そこで死亡した場合には第一病棟での死亡ではなく、総合病院の死亡として集計されていたからである。しかし、第二産科病棟では他の患者に危害を加えるようなことが考えられる場合以外に、患者の転院はまったくなかった。実際、第一病棟における産褥熱はきわめて高く、ゼンメルワイスが助手に就任した1846年7月は13.10％、8月は18.06％であった。また1842年10月には、242出生数中71人（29.34％）、11月は22.97％（48人/209人）、12月は31.38％（75人/239人）で、妊婦の3人に1人は産褥熱で倒れる現状であった。

仮説の展開と消去

　ウイーン総合病院の産科病棟は1840年に大きく改築され、世界最大の産科病棟に成長していた。改築後、二つの産科病棟ができたが、病院の事務方以外に誰もこの再編成にほとんど関心を示さなかった。一方で、病棟の再編成は本来の目的に関係なく、大変貴重な、自然の比較実験室に変貌させていた！

ゼンメルワイスは、第一病棟での産褥熱の高い死亡率の状況に深く悩むとともに、隣接する第二病棟の死亡率にも注目した。彼は過去の統計を利用して、二つの病棟での産褥熱の発生状況を綿密に調査した。その結果は**図1**、**図2**に示したとおりである。

彼は悩みに悩んだ。第一病棟と第二病棟の死亡率の違いは何に起因するのだろうか。この時期から彼はあたかも殉教者のように、産褥熱の原因追及のために、全身全霊を傾けた。彼は、これまでに知られている産褥熱の仮説を用いて、二つの病棟の死亡率の違いを説明しようとした。

19世紀初頭においても、産褥熱は妊産婦の最大の健康問題で、出産直後の女性の主要な死亡原因であった。当時、その原因については、① ミアズマ説から、② 女性の疫病体質（epidemic constitutions）、③ 病院内の環境や空調、④ 栄養、⑤ 司祭が鳴らす鐘の音による妊産婦への心理的影響（ストレス）、⑥ 手術方法、⑦ 使っているリネン、⑧ 分娩時の体の位置など、諸説が入り乱れていた。その中でも、もっとも広く受け入れられていた見解の一つは、産褥熱は"流行病"にほかならないというものであった。すなわち"ミアズマ説"であった。

ゼンメルワイスは統計データを用いて、これまでに想定されている仮説を一つひとつていねいに吟味し、現実に合わないものを徹底的に消去していった。ゼンメルワイスが知っていたかどうかは別にして、彼のこの方法はまさに17世紀を代表するイギリスの哲学者の一人であるフランシス・ベーコンによってその原型がつくられ、19世紀に活躍したイギリスの哲学者にして経済学者であるジョン・スチュアート・ミルによって、現在知られているようなかたちで定型化された「消去による帰納法」（Induction by Elimination）であった。ゼンメルワイスはこの方法を用いて、これらの仮説が棄却されるプロセスを詳細に述べている。そして疑わしい仮説をすべて棄却して、最終的に新しい仮説を構築するプロセスをみごとに展開して見せてくれた。さらに、新仮説に基づいて有効な予防方法も提示した。

ミアズマ（瘴気）説

　第一病棟での死亡率が高いのは「流行病」（epidemic influence）による
ものであるというのが多くの人たちの見解であった。流行病とは一般的
に、「大気・宇宙・地球的変化」によるものを指すものであるが、当時、
明確な定義づけはされていなかった。いわゆるヒポクラテスの時代から
いわれている“ミアズマ説”である。「ミアズマ」（Miasma）とは、ギリ
シャ語で「不純なもの」「汚れたもの」「悪気」の意味で、日本では「瘴
気（しょうき）」とも呼ばれる。つまり、大地や土壌などから放射され
る、あるいは宇宙的変動や気象条件の変化などに伴って発生すると考え
られる「悪気」「瘴気」によって汚染された“大気”のことである。呼吸
とともに人体に侵入し、体液のバランスを崩し、さまざまな流行病を引
き起こすと考えられていた。また、こうして病気になった人間も瘴気を
発し、周囲の人間を病気（感染）にさせるというものである。

　ミアズマ説には、物質的な正体はなく、むしろ非物質的なものである
と考えられていた。実際、それは憶測以外の何ものでもないが、あたか
も事実であるかのように2000年以上にわたって医学界に浸透し、19世紀
の末まで医師たちに広く信奉されていた。また、原因不明の病気につい
ては、ミアズマ説を主張することですべてが解決されたのである。一般
の医療従事者はその説に何の疑問を抱くこともなく、病気やそれによる
障害や死を受け入れていた。ミアズマ説はある面、当時の医師たちの無
力をカバーするのに真に都合のよい概念の一つであった。

「悪い空気」が産褥熱の原因であるとすれば、大気はウイーン市街に
も、第一病棟と第二病棟にも同じように浸透しているはずだ、とゼンメ
ルワイスは考える。この流行病はウイーン市全域に広がって、産褥熱の
状態に罹りやすい素因（疫病体質：epidemic constitutions）のある人にだ
け伝染すると仮定すれば、第一病棟においても、第二病棟においても病
気は同じように広がるはずではないか。第一病棟と第二病棟の妊産婦に
おいて疫病体質の違いはない。また二つの病棟は簡単な控え室をはさん
で分離されているだけで、悪い空気があるとすれば両病棟に同じように

流れてくるはずで、原因たるものは場所（病棟）を選ぶことではないだろう。よって、流行病（ミアズマ）も疫病体質も、第一病棟の高い死亡率を説明する理由にはならない、とゼンメルワイスは推論した。

科学と権威への挑戦

　妊婦は、第一病棟と第二病棟に、24時間ごとに交互に入院してくるので、産褥熱の原因もそのように周期的に転回しているのだろうか。このような仮説をもってきても二つの病棟の死亡率の違いを説明できるものではない。

　産褥熱の原因になると考えられているものは、産科病棟入院前か、あるいは入院中に発生し、患者に影響を与えているのではないだろうか、とゼンメルワイスは推測する。もし入院前、つまり病院以外に原因があるとすれば、第一病棟の患者に対してのみ関連があるもので、第二病棟の患者は対象にならないものであろう。一方で、ゼンメルワイスは、病院外で同じ原因に曝され、入院するとすれば二つの病棟の死亡率に差はないはずであると考える。さらに、病院内に原因があるとすれば、そして流行病（ミアズマ）であるとすれば、同じような大気環境にあるとなり合わせの二つの病棟の死亡率に差がないはずである。

　ゼンメルワイスは病院に保管されていた統計を用いて、これらの諸々の状況を疫学的に観察して、第一病棟での高い死亡率は、いわゆる流行病によるものではないということを確信してきた。しかし、ミアズマ説を否定する見解を発表することには、コペルニクスが「地動説」を唱えたと同じくらい、とてつもない勇気がいることであった。なぜならば、産科病棟長で、ウイーン大学医学部産科教授の意見に逆らうことになる

ニコラウス・コペルニクス　Nicolaus Copernicus　1473-1543
ポーランド出身の天文学者、カトリック司祭。当時主流だった地球中心説（天動説）を覆す太陽中心説（地動説）を唱えた。これは天文学史上最も重要な発見とされる。コペルニクスの主著である『天体の回転について』（On the Revolutions of the Celestial Spheres）の校正刷りは、1543年5月24日、彼の死の当日に届いたという。出典：https://en.wikipedia.org/wiki/Nicolaus_Copernicus

からである。より封建的で、父系的社会であった当時は、臨床教授に向かって若い助手や学生が意見をいうことなど、もってのほかの振る舞いであった。

特にクライン教授は、学生は彼に従順であるべきで、意見もいわずただノートを取るべきであると思っている典型的な人物であった。彼は同僚の間で無能の烙印を押されていたが、オーストリア文部科学省や宮廷とのコネによって、有能な教授を追い出した後に、自分がその位置についた人である。それだけならまだ許せるが、彼は虚栄心と嫉妬心が強く、かなり偏狭な性格の持ち主で、教授の資質に欠けるといわれていた。その彼が、自分の存在を脅かすかもしれないゼンメルワイスの意見を聞き入れるわけがなかった。

ゼンメルワイスは、28歳にして、当時の権威主義にも真っ向から対立し、2000年以上にわたって信じられていた科学の見解を否定するという、大胆な行動に出なければならなかった。これは彼の宿命でもあったのかもしれないが、前述のように彼が受けた教育が大きく影響していた。ロキタンスキー教授やスコダ教授、そしてヘブラ教授の薫陶を受けなければ、そしてクライン教授の助手にならなければ、彼の運命は大きく違ったものになっていたのかもしれない。

流行病を否定

ゼンメルワイスは思案する。もし流行病（大気・宇宙・地球的変化やミアズマ説）が産褥熱の発生に関係するとすれば、ウイーンのすべての病院や病棟において同じ結果が現れるはずである。なぜなら、ウイーン市街は同じ環境にあるはずだからである。しかし実際には、産褥熱がウイーンやその近隣の産科医院やその他の病院で多発することはきわめて稀であった。食中毒や現代でいう院内感染ならともかく、流行病は通常一つの病院に限定されるわけではなく、近隣の地域内のほかの病院や施設・地域でもほぼ同時に発生するはずである、とゼンメルワイスは考える。

産褥熱が流行病であるとすれば、その発生には経時的な季節変動が必

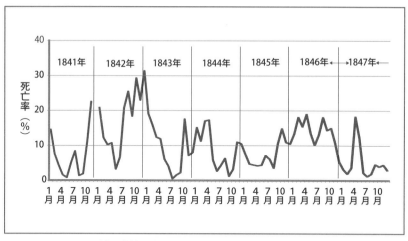

図3　第一病棟の産褥熱月別死亡率の推移 1841 〜 1847 年

ず観察されるだろう。しかしながら、ウイーン総合病院第一産科病棟では、産褥熱が一度の中断もなく数年にわたって発生している。もし産褥熱が流行病によってもたらされるものであれば、病気の発生には季節や気候による変動が必ず見られるはずであるが、そのような季節変動も観察されていない（図3）。7年間（1841〜1847年）の死亡率を月別に示したのが図4である。

　産褥熱は年から年へ変動はするものの、厳冬にも、夏の酷暑にも同じように発生しているではないか。これらの図が示すように、産褥熱の発生には明確な季節性は見られない。もし産褥熱が流行病の一つであるとすれば、環境要因の影響を強く受け、ある特定の季節に限定して流行するのではないだろうか、とゼンメルワイスは推論する。しかし、この病気は非常に地域限定的で、同じ病院内の病棟においても発生状況が大きく異なる。すべての産科病院において同じように発生しているようにも見えない。

　当時、ウイーンにおいて、産褥熱の流行を予防する最善の効果的な方法は、ウイーン総合病院の産科病棟を閉院させることであった。ということは、ウイーン総合病院産科病棟以外のところで出産すれば母子とも

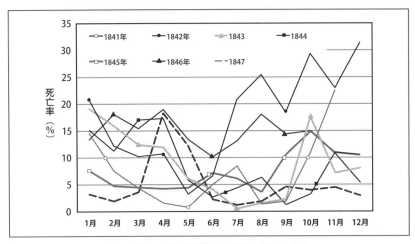

図4 第一病棟産褥熱の年次別・月別死亡率

死なないで済み、ウイーン総合病院産科病棟で出産すれば母子ともに死ぬ確率が高まるということを示唆していた。一方、病院外のところだとその影響を受けないで、妊産婦は死ぬことなく健康な子どもが産めると信じられていた。たとえば、路上出産などのいくつかの事例は後述する。このことは、産褥熱の発生または流行が流行病学的には説明できないということを示すものであった。

　もし産褥熱が流行病であるとすれば、環境が同じ市内の別の病院で出産してもウイーン総合病院産科病棟と同じことが起こるはずである。しかし現実はそうではなかった。産褥熱の流行はウイーン総合病院産科病棟においてのみ特異的に発生しているとすれば、「この産科病棟内の何かが原因で発生している」と推測するしかない、とゼンメルワイスは考える。

原因は病棟内にある

　この確信にたどり着いたところ、ほかの状況証拠も現れてきた。いくつかの例外を除いて、当時の産科病院はすべて教育機関であり、一般に、助産師だけの研修に当たっている病院の環境は、産科医研修病院よ

り清潔であった。

　上述したように、第一病棟の高い死亡率は流行病によるものではなく、むしろ病棟内にある何か有害な要因（すなわち、第一病棟内だけにある、恐ろしい何ものか）であることが、ゼンメルワイスにはますます確信されてきた。この内的要因を調べるにあたって、二つの病棟の死亡率の格差に注目する必要がある。また第二病棟において死亡率が高くないとすれば、その原因は何だろうか。

　病棟内の「混雑」が産褥熱の原因であるとも考えられていた。しかしウイーン総合病院では、第二病棟の方が第一病棟よりも混んでいた。混雑が原因なら、第二病棟の死亡率が高いはずであるが、もちろんそうではなかった。第二病棟は混んでいたにも関わらず、**図1**に示すように、産褥熱による死亡率はかなり低率であった。第一病棟は第二病棟より年間数百人（年平均321人、1841～1846年：**付録2**）出生数が多かった。これは第一病棟が患者を1週間に4日間（第二病棟は3日間）入院させていたことに関係していた（**表3**、第二病棟は第一病棟に比べ、年に52日入院受付日が少ない）。実際、病棟も広かった。第二病棟はその収容人数が少ないのにも関わらず、第一病棟よりいつも混んでいた。

　多くの妊産婦は第一病棟ではなく、第二病棟への入院を望んだ。そのため、第二病棟は決められた期間内にすべての希望者を入院させることができなかった。ゼンメルワイスによると実際、第二病棟への入院措置が始まると、妊産婦は廊下まであふれ出し、その日の途中に入院手続を打ち切るか、彼女らを第一病棟に移さなければならないほどであった。ゼンメルワイスは第一病棟で正規と臨時を併せて5年間勤務したが、第一病棟の患者が第二病棟に配置換えされることはなかったといっている。それでも、第一病棟もすぐに満員になった。第二病棟への入院希望者は多かったが、その逆はなかった。第二病棟の収容能力がもっと広ければ、より多くの妊産婦が入院したであろう。したがって、病棟の混雑の程度が第一病棟の高い死亡率と関連しているようには思えなかった。

悪い噂

　たくさんの妊産婦を死なせている病院としての「悪い評判」は、新しい入院患者を怖がらせ、それが原因で産褥熱にかかり、死亡するということも巷に流れていた。つまり、第一病棟に対する「悪い噂」は、ウイーンの一般住民の間にまで広がっていた。実際、多くの妊産婦は第一病棟に入院することを怖れて、どうにかして第二病棟へ入院させてくれと、膝まずいて手を合わせ哀願する妊産婦の姿をゼンメルワイスは大勢見てきている。第一病棟の評判を知らない人でも入院後、病棟の中の医師の多さにびっくりし、その環境をたちまち怪しむようになった。

　第一病棟には産褥熱様症候を患っている妊産婦が大勢いて、次から次へと亡くなっていた。したがって、妊産婦たちは、病棟内での医師たちの治療行為がその患者の"死の前ぶれ"であることを知っていた。しかし、ゼンメルワイスは、「恐れ」が第一病棟における高い死亡率の原因であるということを、受け入れることはできなかった。この種の「恐れ」、すなわち心理的要因が産褥熱のような身体的な状況にどのような影響を与えるのか、彼には理解できなかった。彼は、当然だが、この心理的要因に対処する方法も訓練も受けていなかった。当時の多くの医師は社会心理的なことよりも、生物学的あるいはより病理学的な知識が豊富であり、また重要であると思っていた。

　この事実は現在でもあまり変わらないかもしれない。現代病の発生には、ウイルスや細菌などの微生物よりも、私たちが住む社会全体のシステム、それから派生する精神的・心理的ストレスなどの社会要因がより大きく関係しているからである。マタニティーブルーや産後うつなどはホルモンバランスの乱れなども原因であるが、大方は出産に伴う環境変化に伴う"精神的ストレス"からくるものであると考えられている。マタニティーブルーは一過性のものであると考えられているが、産後うつは「産後、気分が落ち込む、不安になる、眠れないなどの状態が続き、気力がなくなり、集中力や思考力が低下し、悪化すると自傷・自殺・幼児虐待につながることもあるため、周囲の支援や適切な治療が必要とな

る」といわれている。

　ウイーンの一般の人たちが、第二病棟よりも第一病棟において、ずっと多くの妊産婦が死んでいることを知っているということは、そのことが長い間つづいていたからであろう。しかし、「恐れ」が二つの病棟の死亡率の違いを説明することができるとは、ゼンメルワイスにはどうしても考えられなかった。

司祭が鳴らすベルの音

　さらに、ウイーン総合病院では死者が発生した場合、その死者に対する祈りのため司祭が鐘を鳴らしながら遺体安置所におもむくのが常であった。カトリックでは、死者は洗礼を通してキリストと体をともにするものとされる。死者の霊は清めを受け、聖なる人々とともに天にあげられる。病院では死人が横たわっている第一病棟の第6番目の病室で最期の儀式が行なわれた。司祭は遺体安置所に向う時に、当然のことながら第一病棟の5つの共同病室を通過しなければならなかった。しかし、第二産科病棟は回避することができた。

　そこで、司祭が第一病棟の共同病室を通ることによって、妊産婦に何らかの心理的影響を与え、産褥熱を生じさせているのではないかということが唱えられていた。

　カトリックの習慣によると、最期の儀式を終えた後、司祭は飾り付けした祭服を着て、ベルを鳴らしながら先導する聖具保管担当者とともに遺体安置所へおもむくのが一般的であった。これは慣例的に1日1回行なわれていた。産褥熱で苦しんでいる患者にとって24時間は長い。司祭が儀式を終えて帰る時には健康でも、次は自分の番かも知れないと思うだけでも憂鬱になり、意気阻喪してしまう。したがって、大きく鳴り響いて通りすぎるベルの音を聴く患者の気持ちを想像することは難しくない。そのような状況のなかで、この儀式が病棟内の妊産婦に何らかの心理的ストレスを与えると唱えられれば、起こりそうな気もする。

　しかしながら、「ベルの音は私を奪い立たせた」とゼンメルワイスはいっている。ベルの音はゼンメルワイスに、「あなた自身の力で何とか

して、この病気の原因を解明すべきである」と、あたかも訓戒を諭されているかのように聞こえた。

この儀式の違いが、二つの産科病棟における死亡率の差を説明するものであるというので、ゼンメルワイスは神のお使いに頼んで、司祭が遺体安置所へ向かう経路を変更し、第一病棟の5つの共同病室を避け、遠回りさせるとともに鐘を鳴らすことを取りやめてもらうことにした。そのため、外の者には司祭の存在は知られなかった。これで儀式の影響を排除することができ、二つの病棟の環境はまったく同じになった。だが、二つの病棟における死亡率の格差に依然として変化は見られなかった。

留学生の粗雑な診察

1846年末にかけて、産褥熱の問題を調査するために設定された委員会の中で主流となっていた見解は、研修の一環として医学生が実施する検査中に産道を傷つけ、その外傷が病気の原因であるということであった。男性、特に外国からの男性医師や医学生は、診察が荒々しく危険である、と考えられていた。そこで、産科の研修には留学生2人だけが参加できるようにした。ゼンメルワイスによると、留学生はよく勉強し、実習にもより規則正しく参加し、いわれているような危険な内診はしていなかった。

いずれにしてもゼンメルワイスは、① 分娩において自然に生ずる損傷は、粗雑な診察によって発生するものよりはるかに大きいこと、また② 第二病棟で就業についている助産師は第一病棟とまったく同じ方法で内診していたが、第二病棟では死亡率が高くなかった、ことなどから、彼はこの見解には懐疑的であった。

実際、男性の医学生の数を42名から20名に減らし、外国人の医学生数も2人に縮小して、診察も最小限にとどめられた。1846年12月と1847年1月〜3月の死亡率の減少はその結果である。しかしながら、死亡数は、1847年4月に57人、5月には36人に再び急増した（**表4**）。このような措置によって死亡率は一時的に減少したものの、減少し続けることはな

表4　留学生の内診による産褥熱への影響

年次	月	出生数	死亡数	死亡率（%）
1846年	1月	336	45	13.39
	2月	293	53	18.09
	3月	311	48	15.43
	4月	253	48	18.97
	5月	305	41	13.44
	6月	266	27	10.15
	7月	252	33	13.10
	8月	216	39	18.06
	9月	271	39	14.39
	10月	254	38	14.96
	11月	297	32	10.77
	12月	298	16	5.37
1847年	1月	311	10	3.22
	2月	312	6	1.92
	3月	305	11	3.61
	4月	312	57	18.27
	5月	294	36	12.24

く、その後再び上昇したのである。よって、この措置と死亡率には何の関係もないことが明白であった。これもまたゼンメルワイスの見解が正しいことを証明するものであった。

　それでは、1846年12月以降の4ヵ月の死亡率の変動の理由（原因）は何だったのだろうか。ウイーン王立総合病院の産科病棟では、医師を補助する助手が配置されていたが、1846年12月と1847年1月〜3月の期間、第一病棟ではこの助手が死体解剖に付き合うことはほとんどなかった。委員会の勧告を受けて、オーストリアの医学生の数は18人、留学生は2人に減らされた。

　両病棟において同じ産科治療法が取られていたが、多くの妊婦は特別な治療が必要な対象ではなかった。いろいろな治療を受けた後、彼女ら

は亡くなっていった。産科の患者はときどき一般病棟に移されることもあった。それでも第一病棟と第二病棟では発生する患者数が違ったし、快復率でも第二病棟のほうが良かった。

病棟の環境(1)

　また、第一病棟において産褥熱の死亡率が高いのは、緊急時に「未婚の女性だけを入院させている」という病棟の習慣に関係しているともいわれていた。実際、未婚の女性は、妊娠中も一生懸命働いて、自分を支えているのが現状であった。彼女らの生活は悲惨で、とにかく"栄養失調"になっている人が多かったし、また流産することもあった。ウイーン総合病院産科病棟は本来これらの女性のために設立されたものであることを考えると、この現状は特に驚くべきものではない。

　第一病棟では、出産後3時間内に分娩用のベッドを起き上がり、「廊下」を通って自分のベッドに戻る習慣があった。通路はガラス張りで、冬には暖房が施されていた。分娩室から遠い部屋の妊産婦にとって、この廊下はかなりの距離であった。病気で弱っている人や特別な手術を受けた人以外は、この長い廊下を自力で歩かなければならなかった。したがって、第一病棟のこの"不便さ"が高い死亡率の原因であるとする見解もあった。

　しかしながら第二病棟も同じように不便で、実際には第二病棟の環境のほうがもっと悪かった。つまり、第二病棟は控え室で分かれていたので、控え室の後方の部屋にいる妊産婦はそこを通り抜けてこなければならなかった。そのため、この廊下の環境が病気の発生に関連しているようには考えられなかった。

　また、第一病棟の3階の広い母子室に行くには、ガラス張りの階段を上らなければならなかったが、出産後まもない女性がここを徒歩で上ることはなかった。母親は出産後、7〜8日経ってからはいつでもベッドを離れることが許され、母子室に戻る女性もいた。出産後、7〜8日経ってから産褥熱で死ぬことはほとんどなかった。第二病棟でも同じような方法が取られていたので、この習慣と死亡率とは関係がないと結論づけら

れる。

　さらに第一病棟の悪い「換気」が高い死亡率の原因であるともいわれていた。しかしこれを主張する人たちは、第二病棟も同じ換気環境にあることを忘れていた。またリネンの「洗濯方法」にも一因があるのではないかと疑われた。ウイーン総合病院では、産科病棟の洗濯物は他の病棟のものと一緒に洗濯されることもあったが、第一病棟と第二病棟において違いはなかった。

病棟の環境(2)

　また、ウイーン総合病院のような「大きな病院との接触」においても二つの病棟は同じであった。実際、これらの病棟は同じスタイルで建築され接近しており、また同じ控え室を使うこともあった。「研修のための研修室の継続的な使用や患者および健康な人が病室の間を自由に行き来すること、患者と見舞い客の交流」においても二つの病棟間に違いはなかった。

「風邪や栄養」も二つの死亡率の差を説明するものではない。風邪の原因が何であれ、風邪をひく可能性は二つの病棟で同じであった。また、両産科病棟の食材も同じ栄養学的標準で準備され、同じ契約者によって調理されていた。さらに「寒さや冷え」も産褥熱の発症に関係しているといわれていた。病棟のベッドは南北あるいは東西に並んで配置されていたが、通常北側のベッドの人は南側の人より"寒さ"や"冷え"に曝されており、前者は病気にかかりやすくなると信じられていた。しかし、南のベッドや東のベッドにも患者は発生しており、特別なパターンは見られなかった。よって、ベッドの配置と病気の発生に関連は認められなかった。

　病室では、健康な妊産婦に囲まれている患者もいたし、患者同士あるいは健康な者同士が並び合わせていることもあった。患者が病室のどこかに偏在するということはほとんどのところで見られなかったが、第一病棟では、一つの列に患者が発生すると、同列のすべての妊産婦が患うこともあった。これは病気が伝染性であるというよりも、外から持ち込

まれる何かが関連しているように、ゼンメルワイスには思えた。

一方で、第二病棟では病気は散発的にしか発生していない。もし産褥熱が伝染性なら、一つの列で患者が発生すると、その列のすべての妊産婦が感染するはずである。産褥熱は、これまでの仮説に反して、ベッドからベッドへと伝染する伝染性のものではない、と彼は確信した。

ゼンメルワイスはさらに細かく丹念に観察を繰り返し、第一病棟では妊産婦は"仰向け"になって分娩し、第二病当では"横向き"になって分娩している事実を突き止めた。この違いが両病棟の死亡率の格差の原因になっていると考え、第一病棟でも第二病棟同様、横向きの分娩を取り入れてみたが、両者の死亡率に何ら変化は見られなかった。

ゼンメルワイスは病院の見舞客や調理方法、寒さ・冷え、分娩の方法などの話題になっている仮説を緻密に探索し、事実に当てはまらない場合は、これらのすべてを真の原因ではないと消去していったのである。

出産の違い

また男性医師の診察は、当時の社会規範に照らして、妊産婦の自尊心を傷つけ、産褥熱にかかりやすくするという見解もあった。したがって、男子学生だけの教育研修に割り当てられている第一病棟の妊産婦は産褥熱に罹患しやすくなると考えられていた。これは第一病棟での高い死亡率を説明するには都合のよさそうな見解であった。

「路上出産」というものがある。つまり病院に到着する前に、路上や草の上、他人の玄関先において出産することである。ウイーン市は大きいし、またウイーン総合病院産科病棟の利用者の経済的な背景も考慮すると、産科病棟に到着するまでに時間がかかった。そのため二つの病棟において、毎月100人前後の子どもが路上出産として登録されていた。当然のことながら、路上出産の環境や状態は病院のものとは比較にならないほど悪いはずである。しかし、路上出産によって妊産婦が産褥熱に罹りやすくなるという報告はなく、逆にその死亡率は、病院よりもかなり低いことが知られていた。

ゼンメルワイスにとって、第一病棟の産褥熱による死亡は流行による

ものではなく、病棟内の、あるいはまだ不明の要因、すなわち第一病棟に限定された有害なものが関係しているらしいことが、この路上出産の事例からもだんだんと明らかになってきた。実際、路上出産した妊産婦の健康は第二病棟の患者とほぼ同じで、両者に大きな違いはなかった。

　路上出産による妊産婦の死亡率は、病棟内出産の妊産婦のものと少なくとも同じか、高いと考えるのが当然であるが、路上出産による死亡率は第一病棟より低く、第二病棟とほぼ同率であった。ゼンメルワイスはこのような事例から、第一病棟における産褥熱の発生は流行病によるものではなく、そこに限られた、これまでに知られていない何らかのものが原因であると、強く信じるようになってきた。

　それでは、路上出産において産褥熱の発生を「予防」しているものは何だろうかと、彼は推量する。路上出産に加え、「未熟児」を出産した妊産婦は、通常の妊産婦（第一病棟の）よりも病気になることが少なかった。未熟児を産んだ人は、満期で出産した人と同じ流行病的要因に曝露されているばかりでなく、未熟児出産の原因が何であれ、後者にくらべ不利な環境状況にあったことは確かである。このような劣悪な状況において出産した人たちの健康状態が、第一病棟の人たちよりも良いというのをどうしたら説明できるだろうかとゼンメルワイスは考え続ける。

　産褥熱は妊娠後期、出産中、あるいは出産直後において発生するし、この短い期間に患者は死亡することが多いことを考慮すると、出産が早ければ早いほど、産褥の期間が短くなるので、病気にかかりづらくなるのであろうか。しかしながら、第二病棟では未熟児を産んだ母親の健康と満期で出産した母親の健康はほぼ同じで、変わりがなかった。

　また彼は、第一病棟の死亡率が高い原因を特定できないでいる時に、子宮頸管拡張（dilation）期間が長ければ長いほど、産褥熱の罹患率および死亡率が高いことに気づいた。拡張期間24時間以上の母親は、出産後まもなく、あるいは出産後24時間から36時間以内に、ほとんど確実に産褥熱にかかり、急速に悪化して死亡していた。母親は初産の場合、拡張期間（分娩期間ではない）が長引くのが一般的で、死亡率が特に高かった。これは第一病棟に限定して発生するもので、第二病棟では観察され

なかった。その違いの理由はわからないが、ゼンメルワイスにとって分娩中の外傷が原因でないことだけは明らかであった。

新生児の死

　母親だけでなく、その新生児も産褥熱で亡くなっていた。そのことについてはゼンメルワイス以外の人も報告していた。産褥熱は妊産婦の産褥期に限ったものではなく、妊娠中あるいは出産中に起こるものであるということが、彼には確信されてきた。よって、産褥熱の発生が産褥期に限るという概念を捨てて、妊娠中の血液の独特な成分にも注目すべきであると彼は説く。子どもの死体の解剖学的所見は、産褥熱で死亡した母親のものとまったく同じであった。これは恩師ロキタンスキー教授が開発した、肉眼的な記述病理学をゼンメルワイスが徹底して踏襲し、形態学的特徴を明確にした成果であった。

　両者（母親と新生児）の共通点を否定することは、二つの病気の病理解剖学的所見を否定することと同じである、と彼は考えた。母親と新生児が同じ病気で死ぬということは、母親の死の原因がその新生児の死亡の原因にもなるということである。それであるならば、二つの病棟での妊産婦死亡率の差は、新生児の死亡率の差にも反映するのではないだろうか、そして子どもにおける産褥熱の死亡の原因と母親の死亡原因が同じであると推察しても、何ら不都合はない。

　表5は二つの病棟での産褥熱による新生児の死亡率を示したものである。新生児における産褥熱の発生は二つの理由で説明ができる、とゼンメルワイスは考えた。一つは、母親の胎内で胎児が産褥熱にかかる（感染する）。つまり、母親が新生児に病気を分かち与えるというものである。二つ目は、出産後、新生児だけが影響を受ける場合である。この場合は、母親は産褥熱にかかる（感染する）かもしれないし、感染しないかもしれない。二つ目の仮説では、産褥熱は"新生児"自身から発生するというものである。

　新生児が母親の胎盤において感染すると仮定（つまり第一の仮説）すると、これまでの仮説をもって、二つの病棟の新生児死亡率の差を説明

表5　第一病棟と第二病棟における産褥熱による新生児死亡率の比較　1841年～1846年

年次	第一病棟			第二病棟			第一病棟と第二病棟の死亡率の比
	出生数	死亡数	死亡率 (%)	出生数	死亡数	死亡率 (%)	
1841年	2,813	177	6.29	2,252	91	4.04	1.56
1842年	3,037	279	9.19	2,414	113	4.68	1.96
1843年	2,828	195	6.90	2,570	130	5.06	1.36
1844年	2,917	251	8.60	2,739	100	3.65	2.36
1845年	3,201	260	8.12	3,017	97	3.22	2.53
1846年	3,533	235	6.65	3,398	86	2.53	2.63
総数	18,329	1,397	7.62	16,390	617	3.76	2.02

することはできない。というのは、第一病棟における母親の病気の原因はまだ特定されていないからである。

　母親が死亡すると、新生児たちは直接孤児院に送られた。また新生児が亡くなると、母親は乳母として病棟に残った。これを原則として入院が認められていた。当時、病院を利用する妊産婦は社会の下層部の人たちで、実際、未婚の母親、現代でいうシングルマザーが多かった。そのため、一部では、産褥熱は"神の摂理"に反したためにかかる病気であるともいわれていた。

原因究明調査委員会の設立

　上記のように、ゼンメルワイスはあたかも殉教者のように、産褥熱の原因探索のために全身全霊を捧げていた。特に、第一病棟と第二病棟における産褥熱による「死亡率」の違いの原因を究明するのに、彼は余念がなかった。ミアズマ説から病棟の環境設備、母親の体質、神父が使うベルの音まで、いろいろな仮説を検証し、原因でないものを消去していった。しかし、これという原因を突き止めるまでにはまだ至っていない。それでもゼンメルワイスは原因探索の情熱を失っていないし、少年のまなざしをもって果敢に挑戦していた。

第一病棟の高い死亡率について、高線維素血、敗血症、妊娠子宮による異常、血流の停滞、凝血症、分娩それ自体、子宮排出による体重減少、長引いた陣痛、分娩中における子宮内皮の損傷、不完全な陣痛、妊娠中の子宮の不完全退縮、悪露の過少分泌と排出、分泌される母乳の重量、胎児の死亡、患者の個性など、さまざまな角度から検討されたが結論には至らなかった。

行政も、二つの病棟の死亡率の大きな差に無関心ではいなかった。そこで1849年1月、ゼンメルワイスが明らかにした第一病棟と第二病棟の死亡率の差の原因究明のための委員会が設置された。委員会は頻繁に検討会を開き、ヒヤリングを実施してその違いの原因を議論した。

原因究明委員会の設立はスコダ教授が提案した。委員会の目的は基本的に、クライン教授の産科病棟における産褥熱流行の原因究明であった。クライン教授も設立に賛同し、最初は設立委員会のメンバーに入っていたが、最終的な委員リストからは外された。理由は委員会は当事者の教授がメンバーでないほうが調査が公平に実施できると考えたのであろう。当然の措置であった。しかし、クライン教授が委員会のメンバーになっていないことに不満を抱いて、委員会の活動を裏で邪魔したために、委員会は十分な活動ができなかった。彼が裏工作し、厚生省に圧力をかけていたからであろうということは委員には明らかであった。

誤った結論

産褥熱は伝染性ではない、そしてベッドからベッドへと広がらない、ということがゼンメルワイスにははっきりしてきた。病気は第二病棟において散発的にしか発生しないということも明らかになりつつあった。もし産褥熱が伝染性の病気なら、散発的な患者から伝染し、病室のすべての妊産婦が病気になるはずである、とゼンメルワイスは考える。それにもかかわらず、委員会は、産褥熱はこれまでに知られている複数のものが原因であって、他に新しい原因があるとは考えられないと結論づけたが、それは地域や病棟に限定した風土病の一つとしてではなく、より広範囲に伝染する「流行病」の一つであるとした。このように風土病か

流行病かで、議論が混乱したことが産褥熱の原因究明を遅らせた。

ゼンメルワイスによると、産褥熱が風土病、あるいは流行病であるかどうかは、病気や死亡の原因で決めるべきものである。大気などの影響で発生する流行病は、発生する病人で決まるものではない。一方で、もし産褥熱が風土病的な要因、つまり特定の地域に限定された要因が原因で発生すれば、患者数の過多に関係なく、風土病である。大勢の人が病気になるかどうかは重要でない。ところが、委員会は想定される原因ではなく、病気や死亡の人の数を考慮し、多くの患者が発生し死亡したので、産褥熱は「流行病」であると結論づけた。

しかし、ゼンメルワイスは、第一病棟の高い死亡率は風土的なもの、まだ知らない原因によるものであると確信していた。妊産婦だけでなく、男性も新生児も産褥熱にかかるので、委員会のメンバーは病気を誤って認識をしているとしか思えない。彼は自分で十分に説明できないが、多くのデータを収集・解析し、次のようなそれなりの事実も知っていた。長引いた陣痛後の分娩によって、女性は産褥熱にかかり、死ぬ。未熟児や路上出産の母親の死亡率が低いのは、原因が流行病的なものではないということを示唆するものである。

第一病棟において、病気はほぼ連続的に発生していた。第二病棟で働いている人は第一病棟の人と比較して技術が優れ、責任感が強いということもなかったが、第二病棟の患者はより健康であった。第一病棟の職員に対する非難はいわれのないものであったし、委員会の結論はすべて疑問だらけで、説明不足であった。だが、第一病棟において、多数の死亡者が発生していることだけが疑いのない事実であった。

病理解剖の導入

また、ゼンメルワイスは、ウイーン総合病院産科病棟における産褥熱の歴史を別の角度からも検証した。つまり、産科教育課程を歴史的に俯瞰するとともに、ダブリン産科病院とウイーン総合病院産科病棟における産褥熱死亡率の比較を行なっている。

クライン教授の前任だったヨハン・ボーエル教授はオランダ、イギリ

ス、フランス、およびイタリアに3年間留学した後、1789年に皇帝の主治医となり、さらにウイーン総合病院産科病棟の初代の産科教授に任命された人物である。彼は1822年までの34年間その職を務め、この期間、保守的な産科手法を踏襲し、職員に対して分娩中"内診"をできるだけ控えるように指示していた。つまり自然の分娩を推奨し、鉗子などの器具は最後の手段として使うべきであると唱えていた。

　ボーエル教授が33歳の時に上記の国々に留学したことは、彼のその後の産科教育に大きな影響を与えたと考えられる。フランスやドイツなどでは自然分娩よりも、鉗子などの機器による分娩方法が薦められていた。また、ロンドンやダブリンの産科病棟における産褥熱による死亡率が低かったのに対して、フランスやドイツでは高率が続いていた。

　1723年に鉗子が一般的に使われるようになった。使い勝手が簡単であったので、フランスやドイツでは必要以上に利用されていた。ボーエル教授は、当時多くの産科医が「分娩における自然の力を捨てて、この産科器具に頼るようになった」ことを嘆き、時代の趨勢に反して、妊婦の"自然の力"を信頼する方法を採用していた。病理解剖を推奨することなどはもってのほかで、死者の人権を無視した余計なおせっかい以外の何ものでもない、と考えていた。このように、彼は、妊婦の本来の自然の力による分娩方法を再導入、確立した人としても知られている。

　ボーエル教授はまた、産褥熱などで死亡した患者の"人権"を尊重し、学生に、病理解剖の検査以外の死体解剖を認めなかった。これは正式のカリキュラムに反するものであったが、その代わりに、学生に対する骨盤解剖を教えるために、彼はファントムとして知られている色付けした木のモデルを用いていた。一方、ボーエル教授を追い出して、1823年に

ヨハン・ルーカス・ボーエル　Johann Lukas Boër, 1751-1835
ウイーン大学医学部産婦人科教授。ヨハン・クライン (Johann Klein) 教授の前任者。ボーエルは母親の自然の治癒力を信じ、出産時に不必要な内診をなるべく避け、どうしても必要な時の最終の選択として機器を使うべきだと学生に指導していた。彼の30年以上に亘る教授時代には数回の例外を除いて、産褥熱の死亡率は一貫して1％前後であった。出典：http://geschichte.univie.ac.at/en/node/28336

教授に就任したクライン教授は学生に、死体の病理解剖を教育の一環として薦めただけでなく、分娩中の内診や鉗子出産などに対しても非常に寛容であった。

　二人の教授の教育方法の違いは、産褥熱の死亡率に大きく反映された。**付録2**からわかるように、ウイーン総合病院産科病棟およびダブリン産科病棟における38年間（1784年〜1822年）の平均死亡率はそれぞれ、1.26％（897死亡数/71,400出生数）および1.12％(938死亡数/84,045出生数)であった。ボーエル教授時代におけるウイーン総合病院産科病棟の産褥熱の死亡率は、ダブリンの産科病院の死亡率とほぼ同じレベルで、きわめて低率であった。実際、ボーエル教授時代に死亡率が4％台であったのは1819年、3％台は1814年のそれぞれ1年だけで、2％台が4年（1793年、1795年、1818年、1820年）、1％台が6年、それ以外の21年間は1％以下という低率であった。

　しかしながら、クライン教授時代の36年間において1％台以下はたったの2年間で、高い年には12％台にも上昇していた。二人の教授の時代における、このような大きな違いは何によるものであろうか、とゼンメルワイスは瞑想した。

死亡率の変遷

　1823年以降、すなわちクライン教授就任以降の教育方法と病棟の分割などに照らして、ウイーン総合病院産科病棟における産褥熱の死亡率の変遷を少し詳細に検討しておこう。学生教育の一環として病理解剖が導入され、第一と第二病棟に分割される前（1823〜1832年）の10年間の平均死亡率は5.31％（1,509死亡数/28,429出生数）であった。また、第一と第二病棟に分割され、それぞれに男女の学生が同数ずつ割り当てられた時期（1833〜1840年）の第一病棟の平均死亡率は6.52％（1,505死亡数/23,066出生数）、第二病棟は5.58％（731死亡数/13,095出生数）で、ボーエル教授時代の30年以上の平均死亡率が1.26％であったことに比較すると高いが、二つの病棟に大きな違いは認められなかった。

　前述のとおり、ウイーン総合病院産科病棟は医学生や研修生の数が急

増したので、1841年に第一病棟には男子学生、第二病棟には女子学生に
振り分けられた。男女の学生が完全に別々の病棟に振り分けられた時期
（1841～1846年）には、第一病棟の死亡率は9.92％（1,989死亡数/20,042
出生数)、第二病棟は3.88％（691死亡数/17,791出生数）で、第一病棟の
死亡率は第二病棟の2.56倍高くなった。このように1841年以降、第一病
棟に男性、第二病棟に女性と振り分けられるようになると、産褥熱の死
亡率において二つの病棟間に大きな格差が生じた。

　それを単年で見ると、1839年（男女が別々に振り分けられる前）に
は、第一病棟の死亡率は5.4％（151人/2,781人）、第二病棟は4.5％（91
人/2,010人）で、ほぼ同じ死亡率であった。1840年（振り分けられた後）
には、第一病棟の死亡率は9.5％（267人/2,889人）で、第二病棟の死亡
率2.6％（55人/2,073人）の約3.7倍に上昇した。両病棟における死亡率
の違いは、研修生の実務研修のプロセスにあることがうかがえる。男性
の医学生は剖検を実施するが、女性の助産師では行なわれなかった。

　このような明白な格差の原因について、前述の委員会は深く追及する
こともなく、今までに知られている原因を繰り返し述べるにとどまって
いた。その背景には、クライン教授のさまざまな裏工作の存在が噂され
ており、ゼンメルワイスもそれをうすうす感じていたらしい。

　総括すると、病理解剖が教育の一環として導入されてから、産褥熱に
よる死亡率が上昇し、男性の学生が配置された第一病棟において特に急
増した。ゼンメルワイスは、今でいう記述疫学的調査に近い方法を用い
て、第一病棟でこれまでに発生してきている産褥熱の疫学像をほぼ正確
に総括し、さらに新しい研究の段階へ進んでいった。

生体からの感染

　カール・ブラウン博士は1856年、クライン教授の後任教授となるが、
ゼンメルワイスに対して生涯、批判的であったという。ブラウン博士は
ゼンメルワイスの予防措置を採用せず、原因に対する彼の見解も支持し
なかった。ブラウン教授は、産褥熱以外の産科の領域では立派な業績を
あげたのかもしれないが、産褥熱ではことごとくゼンメルワイスの見解

を否定した。彼は、適切な「空調」によって産褥熱を予防できると報告した。ブラウン教授は、ゼンメルワイスが否定した数々の要因をその原因であると主張し、多くの女性を早めに墓場に送った。時を経て、手洗いの効果がより認識されるようになってからもそれを拒み続けたブラウン教授の所業は、クライン教授以上に批判されるべき人であるかもしれない。

　ブラウン教授は部下の研究者を利用してまで、ゼンメルワイスの見解を否定しようとした形跡も認められる。彼は、ウイーン大学医学部長になり、学長にまで駆けのぼっている。人間の価値は、その時代の政治的な判断で勝ち得たものではなく、歴史的評価に耐え得るもので、かつその人間が社会に与えたもので測られるべきである。そう考えると歴史は正直に、ゼンメルワイスに対して公平な審判を下している。

　ところで、1847年10月、排出性髄様子宮がんの患者が入院してきた。病棟で彼女は最初に内診された。彼女を内診した後、担当医師は石鹸水で手を洗っただけで12人の妊産婦を次々と内診した。その結果、内診した12人中11人が死亡するという痛ましい事故が起きた。この悲劇は石鹸水の手洗いだけでは感染を予防することが不十分であることを示唆していた。しかも最初の患者からほかの患者に感染したことが明らかであった。これは死体からの未知の物質だけでなく、「生体」からの体液も産褥熱の原因となりえることを明確に示すものであった。

　この悲劇的な経験を糧に、ゼンメルワイスはその後、死体だけではなく生体からの体液に対しても予防することが必要であることを学んだ。そして診察する患者ごとに、ブラシを用いて塩素水で手洗いすることを徹底させた結果、患者から患者へ伝染することは激減した。この観察と

カール・ブラウン　Carl Braun, 1822-1891
オーストリア生まれの産婦人科医。ウイーン総合病院において、ゼンメルワイスの後任として産科病棟を担当（1849-1853年）。その後しばらく、外の大学に出たが、1856年、クライン教授の後任教授となり、ウイーン総合病院に戻り、婦人科学を独立の学問として確立。ウイーン大学医学部長、学長に就任。産褥熱の原因としてミアズマ説を支持し、ゼンメルワイスの理論には極めて批判的であった。
出典：https://en.wikipedia.org/wiki/Carl_Braun_(obstetrician)

予防措置（介入）は、彼の理論に大きな幅を持たせるものであった。というのは、介入がより普遍的に応用できるという点で画期的であったからだった。真に正しい仮説とは、全体を要約として、普遍性をもつものである。その意味でも、彼の仮説に伴う予防介入は、科学的な一般性を十分に包含する真のイノベーション（刷新）であったことになる。

友人・ヤコブの死に確信

ゼンメルワイスは1846年10月20日、「任期満了」という理由で、クライン教授に解雇されたのである。1回目の助手の雇用期間は4か月未満の短期間であった。解雇の本当の理由は、前任者（ブライト博士）が雇用期間延長ということで、呼び戻されたためであった。雇用延長が認められたのは、産科病棟のスタッフの中でブライト博士が初めてであった。

ゼンメルワイスは解雇された後、時間を無駄に過ごすことはしなかった。友人ヤコブ・コレチュカの助言もあって、1846〜1847年の冬、産褥熱と英語についてさらに勉強するため、当時その分野で世界の先端を走っているアイルランドの首都にあるダブリン産科病院へ留学を決意した。ウイーン総合病院の政治的なもめごとにも嫌気がさしていたことも留学の一つの理由であった。しかし、1847年2月末に上記のブライト博士がチュービンゲン大学産科教授に異動することが決まったために、ゼンメルワイスは急遽計画を変えて友人3人と一緒に帰国することになった。1847年3月2日、ダブリンを出発し、イタリア・ベニスに向かった。そこで2週間滞在した。帰国後、1847年3月20日に再び「助手」に採用された。これから再度解雇されるまで約2年間を、ゼンメルワイスのウイーン総合病院産科病棟勤務「第二期」としよう。

ヤコブ・コレチュカ　Jakob Kolletschka, 1803-1847
ウイーン総合病院の法医学の教授かつゼンメルワイスの友人で尊敬する先輩。コレチュカは学生の解剖実習の時に、学生が解剖したナイフで指を傷つけられ、それが原因で産褥熱と同様な症状で突然亡くなった。ゼンメルワイスはコレチュカのその死因から、産褥熱の原因を思いつく。出典：https://en.wikipedia.org/wiki/Jakob_Kolletschka

ゼンメルワイスは再任のニュースを喜ぶ暇もないうちに、ヤコブ・コレチュカ法医学教授の死を知った。彼はヤコブを友人として、また恩師として尊敬していた。さらに、ゼンメルワイスは彼の包容力のある性格に加え、法医学におけるロキタンスキー教授の原則に忠実であることについても敬愛していた。後日、ゼンメルワイスは「ヤコブの死亡のニュースは私を動揺させた」と述べている。

ヤコブ・コレチュカ教授は法医学の実習時に、研修の一環として学生をよく同伴した。ヤコブはその法医学の実習中に、学生が解剖に使っていたナイフで誤って指（どの指であるかは確定されていない）を傷つけ、数日後に重篤な敗血症で亡くなったという。ヤコブは、上肢のリンパ管炎と静脈炎（すなわち敗血症などに起因するリンパ管と静脈壁の炎症）の病気にかかっていたのだ。

ゼンメルワイスがまだイタリア・ベニスにいた時に、ヤコブは両側性胸膜炎、心膜炎、腹膜炎、髄膜炎（それぞれ、肺と胸腔の膜の、心臓の周りの線維漿膜性の液嚢の、腹部と骨盤腔の膜の、脳のまわりの膜の炎症）などの症状が原因で死亡していた。これらの症状は多くの妊産婦の産褥熱においても見られるものとまったく同一のものであった。ゼンメルワイスは、「その事例について、完全にくたくたになるまで考えをめぐらせた。興奮してどうしても落ち着けなかった。その時、とつぜん一つの考えが私の頭をよぎった」。
「産褥熱と新生児の致命的な病、そしてヤコブを死に追いやった病気はもしかしたら同一のものではないか！」……。

大発見へのプレリュード

ゼンメルワイスは自分のこの考えにますます興奮し、いても立ってもいられなかった。「ヤコブの死亡の原因となった病気は、これまでに何百万人という妊産婦を死亡させた疾患と同じものではないか」ということが頭から離れなかった。

新生児の剖検所見は、産褥熱で死んだ母親のものとまったく同じで、二つの病気は同一のものである、とゼンメルワイスはますます確信して

きた。ヤコブの剖検結果もまた、母親や新生児の産褥熱に見られる膿や異常性の病状とそっくりであったので、そこで彼も同じ病気で死んだ、とゼンメルワイスは確かな自信をもつようになってきた。これらの病気はすべて同じ性質のものであるらしい！

ヤコブ・コレチュカ教授の死亡原因は特定された、とゼンメルワイスは思った。死体の"未知の物質"によって汚染された剖検用ナイフでできた傷が原因であった。いや、傷そのものではなく、傷痕を通じて、死体の"何らかの未知の物質"によって起きた傷の感染が彼の死をもたらしたのだ。

このような死に方をするのはヤコブが初めてではない。ヤコブの死の原因がこれまでに亡くなった多くの妊産婦のものと同じであると仮定すると、産褥熱の原因もまた同一のものではないか。ゼンメルワイスは自分のこの考えに興奮し、身震いさえ覚えた。ヤコブの死の決定的な原因は、彼の血液循環系に入った死体の"何らかの未知の物質"であった！自分が診てきた多くの同様な患者と死者の血流にも、この死体の未知の物質が侵入していたのか、これはもう疑いようもない真実である、とゼンメルワイスは震えながら考えた。

ゼンメルワイスは失意のどん底にいたが、友人の病理剖検所見を何度も繰り返し精査した。彼はきわめて不器用な人で、冗長な文章を書く人とは反対に、ヤコブの病理解剖所見についての記述は、きわめて明瞭・簡潔で、とても印象的であるといわれている。

「ヤコブの病気と産褥熱の二つの病理剖検所見はまったく同じではないか」という記述について、ゼンメルワイスは一点の曇りもない。彼はこれについて何度も自問自答したが、答えはいつも「Yes」であった。つまり、二つの病気の病理剖検所見はまったく同じであると！

ヤコブの病理解剖所見は、上述した第一病棟と第二病棟における産褥熱による死亡率の違いを説明するうえで大きな暗示となった。セレンディピタス（偶然の）な発見の手ごたえをゼンメルワイスは感じていた。

原因物質の究明

　ゼンメルワイスは以前に、新生児も産褥熱と同じ原因で死んでいることを報告している。「妊産婦における産褥熱の結果を認め、新生児における同じような結果を認めないことは、病理や病理剖検所見結果を否定するようなものである」と述べていることからも、彼は、これまでいわれている産褥熱の概念が間違いであることに気づき始めていた。

　そして、ヤコブ・コレチュカの死である。産褥熱もヤコブを死なせた病気も、病理剖検所見がまったく同じではないか。この観察によって、ヤコブが死に至った病気も産褥熱も限りなく同一のものであるという確信が強まってきた。

　ヤコブの死亡のように、一般的な敗血症（血液の汚染）が「死体の何らかの未知の物質の侵入によって発生しているとすれば、産褥熱も同じ源に起因しているのではないか」、とゼンメルワイスは推測した。それでは、"死体の何らかの未知の物質"はどこからどのような方法で、分娩する人へ持ちこまれるのであろうか。「これらの『死体の何らかの未知の物質』の源は、学生や担当医の手の中に見つかるのではないだろうか」と彼は考えた。

　ヤコブに関する観察は、ゼンメルワイスが産褥熱の原因を究明するうえできわめて重要な事実であった。しかし、ゼンメルワイスはこのことについて、『産褥熱の原因、概念、および予防』を出版する1861年まで直接には触れていない。

ゼンメルワイスの著書

『産褥熱の原因、概念、および予防』(Die Aetiologie, der Begriff und die Prophylaxis des Kindbettfiebers) の表紙。ゼンメルワイス著 (1861年)。出典：https://en.wikipedia.org/wiki/Ignaz_Semmelweis

1850年5月15日、ウイーン医学会の講演の中で、彼の理論を導いたものは、二つの病棟の死亡率の違いに加え、産褥熱と外科医や解剖医の膿血症との間に見られる病理学的類似性にあったと述べている。これはヤコブ・コレチュカのことを念頭に置いた発言であろうと推測するのは難しくない。ヤコブの死が、ゼンメルワイスをして、産褥熱の理論を確立するうえできわめて重大な役割を果たしたことにもう疑う余地はない。

当時の人たちは、ヤコブと妊産婦の病気は同じであるということは認めても、その原因まで同じであるとは思っていない。産褥熱の罹患には、複数の原因が関係していると信じられていた。しかし、ゼンメルワイスは、単独の原因が産褥熱を起こしている可能性を想定していた。

そこで、彼は、ヤコブの剖検所見は産褥熱の所見とまったく同じで、彼は産褥熱で死んだと推測するのがもっとも妥当であると考えるようになっていた。"死体の何らかの未知の物質"で汚染された解剖用ナイフによる外傷を介して、ヤコブ・コレチュカは死亡したということだ。傷そのものではなく、"死体の何らかの未知の物質"で汚染された外傷の汚染物が彼の死の誘因であったと。

多くの妊産婦がこれまでもヤコブと同じ病気で死んでいると仮定すれば、産褥熱もヤコブを殺した原因物質と同じものであるということになる。ヤコブは、彼の血流に侵入した特別な物質、すなわち"死体の何らかの未知の物質"が原因で死亡したのだ。ということは、同じ病気と考えられる産褥熱で亡くなった多くの妊産婦の血流にも、同じ原因物質（死体の何らかの未知の物質）が侵入し、蔓延していた……。このように推測するのが当然のようであった。それでもゼンメルワイスは迷いに迷っていた。この推論は、彼自身が想像したもの以上に重大な発見であり、かつこれまで信じられていた産褥熱サイエンスに対する挑戦でもあった。しかし、彼のこの発見は、残念ながら、その生前には評価されなかったのである。

サラシ粉の導入で激減

ゼンメルワイスには、産褥熱の患者は"死体の何らかの未知の物質"が

血流に侵入し、敗血症を起こして死亡するということが明確になってきた。ウイーン総合病院産科病棟の医師や学生らは、当時の新ウイーン学派の強い影響を受けて病理解剖に没頭していた。そこで彼らは死体に触れる機会が非常に多かった。剖検中に"死体の何らかの未知の物質"に触れて、汚れた彼らの手で妊産婦の産道を診察する時にその未知の物質が体内に侵入し、産褥熱を誘発する……。これが、数々の疑わしい仮説を検証してやっとたどり着いた、産褥熱に対するゼンメルワイスの見解であった。

　第二病棟の死亡率が第一病棟より低いのも、これなら説明がつく。第二病棟では、女性の助産師だけが教育研修を行なっており、彼女らは死体解剖に従事することはなかった。したがって、彼女らの手は"死体の何らかの未知の物質"に汚染されていない。それが低い死亡率の原因であろう。

　そこで彼は、汚れた手から"死体の何らかの未知の物質"を洗い流すことで、産褥熱を予防できないかと考えるようになった。彼の経験（たとえば患者の内診の場合のように）からして、ふつうの石鹸だけではそれを十分に洗い流すことができない。というのは、剖検した死体の臭いは強く、長期間にわたって続いていたからである。

　手に付着した死体の"未知の物質"を化学的に洗い流せば（「消毒」という概念はまだ確立されていなかった）、手が産道に触れたとしても感染が起こらないかもしれないし、あるいは予防できるかもしれない、と彼は推論した。

　ゼンメルワイスは手に付着した"未知の物質"を除去するために、1847年5月後半（正確な日は不明）からChlorina liquida（液体塩素）を使うようにした（しばらくしてから、もっと安価な「サラシ粉〈塩化カルシウム〉」に変更した）。爪の中などもきれいにするために、医師や医学生にブラシを使用することも義務づけた。この措置は医師や医学生にとって歓迎されなかった。診察前に手洗いをする習慣が浸透していなかったのに加え、塩素水の臭いにも閉口し、彼らの中にはこの措置をさぼる者もいた。しかし、ゼンメルワイスは彼らに、剖検後は、妊産婦の診察を行

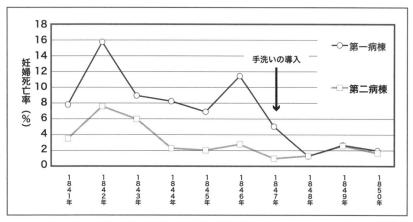

図5　第一病棟と第二病棟における年次別妊婦死亡率―手洗いの効果―

なう前に、必ず手を洗うこと、爪の間もブラシでこすって汚れをよく落とすことを徹底するように強要した。剖検後に産科病棟に入室する時だけでなく、それぞれの患者の内診ごとに塩素水で必ず手洗いすることを義務づけた。そのことで、彼の人気はますます落ちていった。

それにも関わらず、その措置の成果は明確であった。"サラシ粉"導入前の第一病棟の産褥熱による平均死亡率（1841年～1846年）は9.92％であったが、導入後の4年間（1847～1850年）の死亡率は1.98％で、第二病棟の死亡率1.30％近くまで低下していた（**図5**）。

このデータをより詳細に眺めてみると、"サラシ粉"導入以後（1847年6月以降）の第一病棟の死亡率は3.04％（出産1841人のうち56人死亡）で、1848年死亡率は1.27％（45人/3,556人）、1849年は2.67％（103人/3,858人）、1850年は1.98％（74人/3,745人）であった。第二病棟では1847年0.97％（32人/3,306人）、1848年1.30％（43人/3,319人）、1849年2.58％（87人/3,371人）、1850年1.66％（54人/3,261人）であった。この期間、第一病棟の死亡率は第二病棟のそれに近づいてきていることがわかる。そして1849年3月20日、カール・ブラウン博士が助手のポストについた。ゼンメルワイスは再び解雇された。

手洗いを推進

ウイーン総合病院（医学校）の教授や医師、医学生らは、死体解剖や内診を通じて死体や生体の"何らかの未知の物質"に触れる機会が多い。妊産婦を診察する時に、未知の物質で汚染された手がこれらの婦人の生殖器（性器）に接触し、それが体内に吸収され、血流に侵入している、とゼンメルワイスは確信した。

このような過程をへて、妊産婦も、同僚で友人であったヤコブ・コレチュカも同じ疾患にかかった。ヤコブのナイフと医師の汚れた手に付着した"死体の何らかの未知の物質"がその病気の原因であると仮定すると、それを化学的に破壊することによって産褥熱を予防することができる。ヤコブも学生の剖検実習中に誤ってナイフで手を傷つけ、それがもとで死亡した。このことから、ゼンメルワイスは妊産婦とヤコブの病理所見から「二つの病気は同一のものである」と結論した。こうしてゼンメルワイスは、自分の仮説の信憑性がさらに確信なものへと高まっていったので、手洗いを強力に推進した。その効果は前述したとおりであった。

図6は、ゼンメルワイスが1784年からの産褥熱のデータ（ウイーン総合病院産科病棟とダブリン産科病院）を、それぞれの期間における介入（病理解剖の導入の前後、病棟分割前後および男女学生の配置、手洗いの導入そして廃止）に照らして解析した結果を、著者が図示したものである。彼は年次別出生と死亡のデータから死亡率を算出し、それぞれの介入の影響を詳細に調べた。それぞれの介入の影響は明白である。彼が正しい結論に到着した作業過程がこの図から明らかに読み取ることができる。

当時、第一病棟の医師や学生は、手洗いの介入の効果が明確であったにも関わらず、ゼンメルワイスの仮説を受け入れていなかった。彼の後に助手に採用されたカール・ブラウン博士は、彼の手洗いの措置をただちに廃止したので、産褥熱の死亡者は再び急増した。1854年には第一病棟だけにおいて、歴代4位となる400人の死亡者（4,393人の出生者中）

図6　ウイーン総合病院(1784～1854年)における産褥熱による妊婦死亡率の変遷
　　　―諸々の介入の影響―

注：1833年以降はウイーン総合病院第一産科病棟の死亡率、ダブリン産科病院では一貫して病理解剖なし

が発生した。これは1842年の730人、1846年の567人、1843年の457人に次ぐ死亡者数であった。皮肉なもので、これは手の汚染と産褥熱の因果関係をさらに裏付ける証拠となった。

　同じようなことは、1950～60年代において、わが国の"水俣病"においても起こっている。当時のチッソは、工業廃水と一緒にメチル水銀を百間放水路を通して水俣湾に放出していたものを、諸々の事情から排水路を不知火海側に変更することによって汚染が拡大した。結果として、これも大きな疫学的な実験となった。百数十年前のウイーンの事例が生かされなかった。賢者は歴史に学ばなければならない。

　これだけの証拠を丹念に積み上げてきても、ゼンメルワイスの手法は当時の医学界に歓迎されなかった。その背景には彼の個人的な資質も一部関係していると思われるが、医学界全体における問題を個人の仮説に

104

帰して、責任を逃れ、適切な予防手段まで闇に葬ってしまおうという、権力者の意図があったのではないだろうか。病む人に愛の手を差しのべるのではなく、逆に保身のために罪もない多くの若い母親たちを早めに墓場に送っていた。権力者と現場を預かる者との大きな乖離をここでも垣間みることができる。

「手を洗おう」、自分のために、お母さんたちのために、そしてこれから生まれてくる子供たちのために！　ゼンメルワイスが投げかけたこの教訓は、現代社会においても十分に当てはまるものであるが、21世紀の今においても、着実に実行されているという保証はない。

不幸をチャンスに

ゼンメルワイスは、これまでに知られている産褥熱の原因について綿密に検証し、少しでも原因の可能性がないものを一つひとつ確実に消去していった。消去する戦略は恐ろしく多彩で、かつ怜悧で曖昧さを許さなかった。その執念さと周到さが彼の戦術をさらに刺激し、彼はますますその原因の検証にのめり込んでいったと思われる。

彼は、一つのものに集中する能力が非常に長けていたようだ。彼の執拗な精神は、狙った犯人を絶対に取り逃がさない刑事のように、しつこく周到で一直線である。犯人探しの環境は、彼に対して決して好意的なものでないばかりか、逆に、上司を含め、同僚やまわりの関係者は敵意さえ持っていた。そのような厳しい状況の中でも、彼は犯人追及の手を緩めることはしなかった。

その背景には、人生を謳歌すべき若き母親を産褥熱から救い、彼女に、家族に、そして世にエンゼルを送り届けたいという彼の一途の思いがあった。また本来、母親や子どもを救うべきである自分が、彼らを死に追いやっているという“自責の念”にかられてのことであろう。

ゼンメルワイスは「私が墓場に早まって送ってしまった女性の数は、そして自分の罪は神のみが知る」といっているように、責任感の強い人であった。彼は、母親らを救済したいために、死体の解剖に明け暮れるだけでなく、病棟での臨床にも専心した。その過程で、病理解剖が何ら

かの原因によって自分の手を汚染し、その汚れた手が内診の際に、患者の生殖器に接触して、それが血流に侵入し、産褥熱という病気を発生させていることを発見した。

ゼンメルワイスは多くの死体解剖の経験を積み重ねて、病理解剖所見を観察し、学習しつつ産褥熱の原因追究を試行錯誤していた。彼は当時の世界のどの産婦人科医よりも産褥熱の病理解剖について研修し、経験を積んでいただろうと思われる。この経験が豊富であったからこそ、同僚であり友人であったヤコブ・コレチュカの病理解剖所見に接して、産褥熱の原因に対する確固たる確信をもつに至ったのではないだろうか。

チャンスを見逃さない機敏さは一日や二日では培われない。日ごろの継続的な努力があってはじめて、不幸をもチャンスに変えることができるのである。

ひらめきと洞察力

ヤコブ・コレチュカの死は不幸中の幸いというものである。くしくも、ルイ・パスツールが「観察の場では、チャンスは準備されたものに微笑む」といったように、新しい発見という幸運を勝ち取るためには、待ち受ける心構えが必要である。これは決して単純な「偶然」ではない。ゼンメルワイスの"ひらめき"は、病院助手として、産褥熱で死んだ何百体の検体を剖検・解剖し、病理学的検査を行なってきたこれまでの彼の手に汗を握るような努力のたまものである。

死体解剖し、得られた病理所見に関する資料は山のように積まれていた。ウイーン学派の薫陶を受け、産褥熱に関する剖検の鍛錬を通じて、彼は病理学に関する当時一流の基礎知識をもっていたことが想定できる。新しい発見は、偶然というよりも、これまでに蓄積された広くて深い知識の延長上にあることが多い。さらに待ち受ける気持ちも十分に充実していることが不可欠である。

ゼンメルワイスも例外ではなかった。彼の産褥熱に関する病理学的知識と経験、ならびに未来のある若き妊産婦の悲しい最期を何とかしたい、という彼の強い気持ちは人並みならぬものがあった。これらの背景

が、そして不幸中であっても、彼をして産褥熱とヤコブの死の原因を結び付けるという、セレンディピティアス的な（予期せぬ）発見にたどり着いたのではないか。このような背景を理解してこそ、彼の発見のオリジナリティも評価できる。

権威主義の教授のもとで、毎朝、死体解剖を実施することは彼の義務でもあったが、臆することなく、当時の病理学の信奉者としてロキタンスキー教授の原則を遵守し、昼夜剖検に明け暮れていた。その剖検の対象はほとんどが、彼を含む担当医師や学生が早めに死に追いやった妊産婦の遺体であった。

また、この天才的なひらめきは、イタリアへのバカンスの後にやってきた。ひらめくためには、そして洞察力を高めるためには、精神的な安静と、待ち構える心の準備が必要であるようだ。

このように、まったく異なる二つの事象が一つに結びつくという不幸中の幸いを、ゼンメルワイス自身、幸運とは思っていなかっただろう。彼はこの思いがけない発見を誇りにするのでもなく、忌まわしい病気から若い母親を救いたいと願っているだけだった。彼の心は、セレンディピティアス的心情とはほぼ正反対にあって、意気消沈していた。彼の産科病棟では今も何人かの妊産婦が帰らぬ人となっている。もしかしたら、自分もそれに関与しているのではないか、という思いが頭から執拗に離れないでいた。

悲運の連環

ゼンメルワイスは、産褥熱は医師や学生の解剖後の"汚れた手"が原因で発生するものである、とその原因を特定しただけでなく、有効な予防法も提唱した。それにも関わらず、彼の仮説は、当時の医学界ではほとんど無視された。ゼンメルワイスは自分の仮説が正しいことを確信していたので、自説とその予防法に微塵たりとも疑いをもっていなかったが、逆に、彼の説や方法を取り入れようとしない人たちに対しては、強い反感を抱いていた。

当時、内診や手術の前後で、手洗いや消毒という概念がない中で、ゼ

ンメルワイスは医学生にこれを徹底させるよう努力したが、患者を診る前に臭い“塩素水”でいちいち手洗いすることは不慣れで時間がかかり、面倒なことと受け止められ、彼らはなかなか従わなかった。概念がないところに、新しい方法や手法を導入することは非常にむずかしい。学生や同僚は十分な科学的な根拠がないということで彼の説を信用しないばかりか、逆に反発していた。また、自分の許可もなく、手洗いを実行したことに、偏狭なクライン教授は激怒した。

　ゼンメルワイスはただ、統計データと病理所見結果に基づいた確固たる根拠と善意から問題点を指摘しているにも関わらず、当時の医学界は彼の説を認めず、逆に迫害するような行動を取った。それは病原菌などの概念がまだない時代であった。少なくともウイーン総合病院産科病棟において産褥熱は、今でいう「医原病」、すなわち医療行為が原因で発生する病気で、クライン教授の監督下にある産科病棟では、多くの母親が亡くなっていた。クライン教授をはじめ、当時のウイーンの医学界の人びとには、自分たちの医療行為が産褥熱の原因であるという事実（つまり自分たちが妊産婦の死亡に関与している）をどうしても受け入れることができなかった。だからこそ、それを主張する若い医師の存在が疎ましかった。その筆頭に立ってゼンメルワイスを追い立てていたのが、彼の上司、クライン教授であった。

　ゼンメルワイスは、彼の生い立ちからわかるように、決して裕福な家族で育ったわけではない。ハンガリー地方のドイツ語なまりの負い目をもちつつ、医学のメッカ、ウイーン総合病院で医学を学び、さらに研鑽を積んだ、きわめて繊細な心の持ち主であった。もしかしたら「ユダヤ人」のバックグランドをもつ彼は、社会の不公平や不平等に対してふつうの人以上に敏感であり、そして社会の弱い立場におかれた人たちに対する共感と愛情を育んでいたのかもしれない。

失意の帰国

　この愛情や社会問題に対する敏感度が逆に彼を不幸にさせた遠因になった可能性もある。この世の中、一人の愛情だけでは変革がむずかし

い。場合によっては、この強い愛情が逆効果を生むこともある。ゼンメルワイスは一介の臨床医であり、行政マンでも政治家でもない。彼の感性が研ぎ澄まされれば研ぎ澄まされるほど、彼は社会の矛盾に敏感になり、心を痛めていく。それが彼をむしばんでいった。

　1849年3月20日、彼は任期切れということで、再び解雇された。そして、ただちに非常勤講師（教職にはついていないが、教員資格をもちつつ、教育活動を行なう者）のポストを要請した。その認可がなかなか下りず、誰かが妨害していることは明白であった。そこで彼は、1850年の2月に、非常勤講師の要望書を再提出し、3月に教授会でやっと承認され、その年の10月10日に文部省の認可が下りた。最終的に認可されるまで1年半がかかっていた。

　しかしながら、ゼンメルワイスの非常勤講師ポストには、彼には耐えられないほどの制約が付いていた。「ゼンメルワイス博士の産科実習に関する週5回の講義ではファントムを用いる」という張り紙が大学構内に張られた。非常勤講師の契約内容が以下のように突然変更になったのには、彼本人はもちろん、同僚も愕然とした。

　すなわち彼は、人体解剖が認められず、「マネキンを使って実習をするように」との通達を受けたのである。彼は非常勤講師の承認を1年半近くも待たされ、やっと承認された契約内容がこのような制限付きでは、彼といえども我慢できる限界を超えていた。病院内に張られた張り紙は、彼に"死刑宣告"を告知するようなものであった。彼はこれまでの生のすべてを"無"に帰すような、いいようのない虚脱感に襲われた。

　彼はあせった。そして友人や恩師らに帰国のあいさつも満足にしないで、非常勤講師の承認5日後（10月15日）に、失意のまま、故郷のハンガリー・ペスト（ブダペスト）に帰国した。ヌーランドによると、「ゼンメルワイスがウイーンを離れ、ペストに戻ったことは、無人島に乗り上げ船を捨てた」ようなものであると述べている。

　彼の有力な3人の支援者であったスコダ教授とロキタンスキー教授、ヘブラ教授は、あいさつ抜きの突然の撤退に対して激昂した。したがって、スコダ教授はその後最後まで、ゼンメルワイスを許さなかった。ロ

キタンスキー教授にとっても、彼を許すまでには長い年月が必要であった。ただヘブラ教授が唯一寛容であった。後述するが、ゼンメルワイスが病気でウイーンに再び戻って来た時に、駅で迎えてくれたのはヘブラ教授だけであった。

サポーターにとっては、「兵士本人が仕掛けた戦争中に、信頼していたその兵士が脱走したようなものである」とヌーランドは書いている。ここで"兵士"とはゼンメルワイス自身のことである。これはまたゼンメルワイス自身がまいた種であった。

落胆と失望

ゼンメルワイスは、上述のように、友人や恩師らに別れのあいさつもせず、逃げるように帰国した。彼は未来への希望もなく、そして明日への計画も持たずに、故郷に戻った。本来、"ふるさと"は母親の心のように優しく、母の"ふところ"のように深いものだ。その優しさと深さに救いを求めることは誰もとがめることはできない。

彼はウイーンの最高学府を卒業し、当時世界最高の病院の勤務医であっても、そこはつまるところ外国であった。特に異国において、望みが断たれるということは、"死"を意味する。これまで愛しんできた異国の地のすべてが不条理に映る。彼は限りなく失望した。非生産的な、かつ無益な争いに敗れ、疲れて、もう戦う気力も残っていなかった。すべてに背を向けようとしていた。戦いに背を向けることは敗戦を意味する。戦う気力がなければ生きることもできない。彼はそんな気持ちで帰国後の日々を送っていたのではないだろうか。

彼に希望が残っているとすれば、それは、自分の理論と方法をもって、若い母親たちや新生児を"ぜひ救いたい"という願望、そして"救助できる"という自信であり、また最後まで自分の正しいと思うことを遂行したいという欲求、そして確実に実行できるという自分自身の実践的哲学であった。彼は失意のなかでも、このわずかな希望と夢をもって帰国したが、彼の両親はすでに死亡し、兄弟とは音信不通になって、ブダペストに彼の近親者はもうほとんどいなかった。

ゼンメルワイスは満33歳になろうとしていた。彼は帰国後約半年（1851年5月20日）して、ペストにある市立病院（聖ローカス病院）にやっと無給の部長ポストを見つけて、産褥熱の予防に専念した。と同時に、ペスト大学のバーリー教授のところの非常勤講師のポストも得た。彼は父親が残した少しの遺産で生きていたが、それもだんだんと底をついてきた。そこを乗り越えるために、プライベートのクリニックを開業することも真剣に検討した。

彼は経済的にも、心身的にも追いつめられていた。それを癒してくれる家族や友人も"ふるさと"にはもういなかった。異国のような故郷において、わずかな望みだけが今日を生きるエネルギーになっていた。

大学教授不採用

上述したように、「ブラシと塩素水による手洗い」は、ウイーン総合病院勤務第二期目の1847年5月に開始されている。その介入を通じて、第一病棟における産褥熱の死亡率が第二病棟のものとほぼ同じレベルまで低下した。これを、ゼンメルワイスの「第一回目の介入実験」と呼ぶとすると、彼は自分の最期の体験を含め、生涯の間に4回介入実験を実践している。

「第二回目の介入実験」は、ウイーンから帰国し、無給でポストを得た聖ローカス病院において試みられた。故郷に帰国して見たことは、彼の理論がほとんど実践されていないということであった。彼は、驚くとともにがっかりした。そして再び、彼の心に火がついた。

聖ローカス病院は、ウイーン総合病院のような、ヨーロッパでも大型（675床）のペスト市立病院の一つであった。聖ローカス病院でゼンメルワイスが経験したものは、彼がウイーン総合病院で体験したものとほぼ同じ、病院の職員は手洗いに批判的で、彼の指導に従おうとしなかった。病棟の環境はウイーン総合病院よりもずっと悪く、満足のいくものではなかった。それでも、彼はここで無給でも働く選択をしなければならなかった。彼は働くことによって、少なくとも、失意の帰国後の「うつ（鬱）」から逃れようと思った。聖ローカス病院の産婦人科（担当：

Hofrat Birly教授）は、外科の一部門であった。バーリーはペスト大学の産婦人科教授でもあったが、彼は、ゼンメルワイスの説を信じないばかりか、“便通”がよくないために産褥熱になるという自説を強く押し通していた。

　ゼンメルワイスはウイーン総合病院で実践したように、そしてそれ以上に厳しく、職員に“塩素水”による手洗いを励行させたために、産褥熱による死亡率は激減した。彼が聖ローカス病院で勤務した6年間の分娩数933人（1850〜51年＝分娩数121人、1851〜52年＝189人、1852〜53年＝142人、1853〜54年＝156人、1854〜55年＝199人、1855〜56年＝126人）のうち、産褥熱による死亡者数はたったの8人（0.86％）であった。当時、1％未満という産褥熱の年間死亡率は、バーリーの指導のもとにあった聖ローカス病院やペスト大学の死亡率よりもずっと低く、驚くべき数字であった。

　しかし、このような成果にも関わらず、ゼンメルワイスの理論と予防法は、ウイーン総合病院と同じように、ペストの医学界の人びとには受け入れられなかった。そして、彼は理論と予防法をより積極的に実践するために、大学教授のポストを探していた時にプラハの産科病院で教授を募集していることを知り、面接に出かけた。しかしながら、チェコ語が話せないという理由で“不採用”になった。

人生の新たなチャプター

　ゼンメルワイスはウイーンで望みが叶えられず大変落胆して帰国したが、母親や生まれてくる子どもたちへの愛情はまったく失っていなかった。逆に、ブダペストの現状があまりにもひどいことにびっくりして、ウイーン時代以上に“何とかしたい”という思いが募ってきていた。その気持ちが聖ローカス病院での献身的な仕事や、ブダペスト医学界での仲間たちとの友好的関係に現れていた。特に、彼が指導した聖ローカス病院での産褥熱の予防対策によって死亡率は激減し、その成果の華々しさはブダペストの医学界だけでなく、市民にも広まるようになっていた。

　そんな時、ペスト大学に新しいチャンスが突然あらわれた。ペスト大

学の産婦人科教授を長いあいだ務めたバーリー教授は、新しい考えの導入には非常に頑固であったが、死はいともあっけなく受け入れた。1855年のはじめに、彼は突然亡くなって、ポストが空席になったのである。

ゼンメルワイスは帰国後5年間に、上述のような献身的な活躍から、自国で高い評価を得ていた。友人らの強い推薦もあって、彼は1855年7月18日、37歳でペスト大学医学部産婦人科教授に就任した。ウイーンと違って、この就任には特別な条件が付けられなかった。自分の理論と予防方法を自由に実践できる環境を得て、彼の人生の新しいチャプターが始まった。

だが、ペスト大学医学部産婦人科の環境は、ヨーロッパのどこの大学の環境よりも悪い状況で、ウイーン総合病院とは比較にならないものであった。ハプスブルク帝国からの独立を目指してハンガリー革命（1848年）を起こしたものの、オーストリア軍とロシア軍の前に敗れ、独立は失敗に終わり、ハンガリーの情勢は当時非常に厳しかったこともあり、その劣悪な環境も無理もないことであった。ふつうの人ならそれだけで尻込みし、仕事を投げ出すところであるが、ゼンメルワイスは自分の理論と予防方法の最高の実践場所であるとして、逆にこの劣悪な状況を歓迎するかのように、これまでウイーンと聖ローカス病院でつちかってきた経験と実践を積極的に推進していった。

だが、彼が予防方法をスタッフや学生に徹底すればするほど、ウイーン総合病院でもそうであったように、学生たちは離れていった。しかしウイーンや聖ローカス病院での経験もあり、この抵抗は十分に予想されたことであったので、彼は予防方法の実践を徹底させた。すると、学生らの意思とは逆に、産褥熱による死亡率は急激に減っていった。ゼンメルワイスがペスト大学に着任して1年目の出生数514人中、産褥熱による死亡者はたったの2人で、死亡率は0.39％であった。

つかの間の幸せ

翌年の1856年、ウイーンのクライン教授が亡くなり、ゼンメルワイスはそのポストに応募した。ウイーン時代の辛苦を彼は忘れることはでき

イグナッツ・ゼンメルワイス (Ignaz Semmelweis) とマリア・ヴィーデンホファー（Maria Weidenhoffer, 1837-1910）の結婚式ポートレート（1856年）。
https://en.wikipedia.org/wiki/Ignaz_Semmelweis

なかった。それを晴らすことが、彼の人生の大きな希望であったと想像することはむずかしくない。しかし残念ながら、また皮肉にも、彼の論理や予防法に対して強力な批判者であったカール・ブラウン博士がクライン教授の後のポストに就くことになった。悲しい人生のめぐり合わせであったが、これも彼の運命であった。あいさつもなく、こっそりウィーンを逃げ出したドブネズミに、その資格はないと、彼の昔の上司や恩師はきわめて批判的であった。

またこの年に、ペスト大学産婦人科病棟では、昨年の2人の死亡に対して、16人が産褥熱で死亡していた。ゼンメルワイスの予防方法が広く普及しない現実において、この数字は致命的であったので、彼はその原因究明に専念した。はっきりわかったことは、母親が分娩後に死亡し、新生児は死亡していないことであった。これらの状況から、母親に提供されている"リネン"に問題があることを突きとめた。

事務方は、リネンの質ではなく、洗濯料が単に"安価"であるというだけの理由で、洗濯屋を選んでいた。しかも、洗濯したとして、病棟に配給されていたリネンはほとんど洗われていないことが判明した。それに怒ったゼンメルワイスは、事務の担当者にリネンの山を投げつけて抗議

した。また、新しい敵が一人増えた。

　しかしそんな中で、彼は1856年38歳の時に、18歳年下のマリア・ヴィーデンホファーと結婚した。ハゲで、小太りした一途な彼が、年齢が半分に近い若い娘に恋をし、結婚することになったことは、彼の少ない友人の間で話題になった。マリアとの間に5人の子どもに恵まれた（しかし最初の2人の息子は幼児期に死亡。唯一残った一人の息子・ベラは1885年、20歳の若さで自殺している）。

　クライン教授はゼンメルワイスが結婚した年、1856年に亡くなっている。これも偶然のいたずらかもしれない。ゼンメルワイスはふるさとにおいて、つかの間の幸せを楽しんだ。これはまさに彼にとって、ほんのわずかな、安寧の時間であった。

　こうして彼は結婚後数年間、家族に恵まれ、充実した生活を送っていたが、まもなく体調を崩し、情操不安定になり、不可解な行動を取ることが多くなってきた。そのため友人や同僚らも、彼の謎多い行動をたいへん危惧し、何か破壊的なことが起こらなければよいが、と願うだけであった。ゼンメルワイスはそれでも、結婚後1860年ごろまでは、健康状態もよく、家族ともにきわめて幸せな日々を過ごしていた。

論文が医学誌に掲載

　ゼンメルワイスは1857年39歳の時に、スイス・チューリヒ大学医学部から産婦人科教授の誘いを受けた。ペスト大学医学部産婦人科の教授になってから2年しか経過していないし、まだ聖ローカス病院の嘱託の身分でもあった。

　彼はオーストリアから帰国し、やっと仕事を得、結婚もして、幸せをつかみかけていたが、どん底の失意から完全に回復していたわけではなかった。当時、ウイーンと並んでヨーロッパのトップクラスの医学研究者をそろえていたチューリヒ大学からの"オファー"は非常に魅力的であったが、やっとつかみかけた小さな幸せを断ち切ってまで、再び外国に旅立つ勇気と気力は彼にもう残っていなかった。チューリヒはドイツ語圏ではあるが、2年前のプラハの医学部の苦い経験が彼の頭をよぎった

かもしれない。悩んだ末に、スイスからの誘いを断った。彼が自国に残る決意をしたのは当然のことであるように思われる。

　ペスト大学のポストを辞してスイスに移っていたなら、ゼンメルワイスの人生は違ったものになっていただろうか。そして、その後の悲劇は起こらなかっただろうか。これについては今ではただ想像するだけだが、私は、スイスに移ったとしても悲劇は起こっただろうと思う。実際、彼の体型や表情などから推測すると、それから数年の間に大きく変化しており、彼の病気はその時から慢性的に進行していたのではないかと思われる。病気の進行を止める術はなかった。

　一方で、ブダペストに残るという決意の一端に、彼の心の変化を読み取ることができる。1858年40歳の時に、最初の子どもが誕生する。また、これまでの10年間の沈黙を破って、ペスト医学会において自分の研究の成果について一連の講義を開始した（1月2日、23日、5月16日、7月15日）。これらの講義は同じ年にハンガリーの医学週報（Orvosi Hetilap）にハンガリー語で掲載された。自分の講演の原稿が医学誌に掲載されたことが契機となって、彼は、これまでの沈黙を破って産褥熱の本を執筆する決意をしたのではなかろうか。そして、家庭の愛に支えられて、心もやすらぎを得ていたのであろう。

　当時、医学論文といえば、ドイツ語やフランス語が主流で、ハンガリー語は現在もそうであるように、ハンガリー以外では読まれなかった。現在の日本語にも似ている。しかしながら、自分の論文が印刷されたことに勇気づけられて、ゼンメルワイスは1859年の春、やっと重い腰を上げて、これまでの成果をドイツ語で書くことを決意した。

本を出版

　1860年8月30日、1年半かけて、彼は『産褥熱の原因、概念、および予防』と題した本を完成させた。本が実際に上梓されたのは翌年1861年、彼が43歳の時であった。

　私が現在所属する北海道大学にはこの原著がないので、大学図書館協定を利用して、名古屋大学から取り寄せた。Johnson Reprint Corporation

（ジョンソン復刻協会）が「科学シリーズ19号」として、1966年に再版したものであった。Alan F. Guttmacher博士の英文の24ページにわたる、非常に興味深い序文つきのものである。原著のドイツ語の本のタイトルは『Die Aetiologie, der Begriff und die Prophylaxis des Kindbettfiebers』von Ignaz Philipp Semmelweis（『産褥熱の原因、概念、および予防』イグナッツ・フィリップ・ゼンメルワイス著）である。名前の下に小さい字で、「ペスト大学・理論実践産科教授」と所属・職名が記されている。

　上述のように、原著は543ページの本文と4ページの前文からなる膨大なボリュームの本で、前文には「1860年8月30日、ペストにて著す」とある。彼の初めての、そして唯一の書物であった。1冊の本を書き上げるには、寝る時間も惜しんでそれに日夜没頭することが必要である。ドイツ語を母語としなかったゼンメルワイスの苦労は察してあまりあるものがある。産褥熱に対する彼の学問的な知識と経験の蓄積は当時世界一流のものであったことはさておき、彼の心身の健康状態も、当時はまだ十分に健全であったことがわかる。47歳という、彼の短い人生の絶頂期に本を完成させたのだった。

　私は本の内容については、ドイツ語の原文ではなく、K.C.カーター教授（ブリガム・ヤング大学哲学）が1983年に英文翻訳した書を参照した。カーター教授も述べているが、本は風変わりな著者によって、複雑な内容で、こみ入った方法で書かれ、繰り返しも多く、決して読みやすい書物ではない。しかし、ゼンメルワイスは、彼の人生と学説の集大成として、その完成に全身全霊を傾けた。彼の耐えがたい"心の叫び"が聞こえてくるような本の内容である。それが後世、産褥熱の予防や手洗いなどに関する大発見の報告書になるとは、本人は微塵も考えなかったであろう。

　本の内容には反復も多いが、二部構成になっている。第一部は、彼の原理の説明と予防法の確立に至る過程を経時的に詳細に説明している。上述したように、大量のデータ分析や仮説の検証・棄却のプロセスを、当時の歴史的な背景に照らしつつ刻々と記載、彼の豊かな経験によって解説された、説得力のある内容である。一方で、第二部では、彼の学説

に対する反対者を論破しようとする意図が明白である。ゼンメルワイスはそれに本の208ページを割き、個人的攻撃めいた論述は厳しく、反対者に対して容赦しないスタイルはとどまることを知らない。

反論者への容赦ない攻撃

　本が完成したころ、彼の健康状態は明らかな異常性は認められないが、正常ではなかったようだ。彼は、本を出版して5年後に亡くなるが、上梓後、健康は明らかに悪化していったようである。

　ゼンメルワイスは惜しむことなく、ヨーロッパの著名な産婦人科医に出版した本を郵送した。多くの人は、頭のおかしい人から読みにくい、複雑な本が送られてきたぐらいにしか思わず、それを無視した。彼にとっては、彼の学説は確かなものであり、塩素水で手洗いすることによって、妊産婦の産褥熱を予防できるのだから、それを採用しないほうがおかしいと考える。その本の中には自分の学説を詳細に説明し、予防方法についても書いているのだから読むに値するものである、と彼は思う。しかしながら、送りつけられた人は、必ずしも同じような波長で歓迎するわけではなかった。

　ゼンメルワイスは、彼の学説に反対する人を徹底的に反論し、強く攻撃した。「攻撃は最大の防御」の原則に則るかのように、彼は、ヨーロッパの著名な産婦人科医を攻撃していった。彼の学説に従って、産褥熱の予防をしない人は"殺人者"呼ばわりするようになった。

　ウイーン大学の産婦人科教授ジョセフ・スペッツ博士（のちにウイーン総合病院第二病棟部長）に対して、ゼンメルワイスは次のように挑戦している。

「……産褥熱の流行に対する必要な予防措置が施されないで、1847年以降、何万人という妊産婦と新生児が死んでいます。偉大な教授様、貴殿はこの虐殺の片棒を担いでいるのです。殺人を止めなければなりません。殺人を止めさせるために、私は、見張りを続けますし、産褥熱について誤った考えを宣伝する者は、私にとって最大の敵となります……」

　また、ウイーン総合病院で、ゼンメルワイスの後任になったカール・

ブラウン博士とともに、彼の学説の強力な反対者であった、ヴュルツブルクのフリードリッヒ・スカンゾニ産婦人科教授に対しても、次のような文面で痛罵している。

「……私の学説に正面から反論もしないで、あなたは、産褥熱が流行病であると学生に教え続けておられます。私は神と全世界の前で、あなたは殺人者であることを宣告します。母親や子どもの生命を救う私の理論と方法に最初に反対した者として、あなたは医学における『ネロ』として『産褥熱の歴史』に残るであろう……」

ここでネロとは、ローマ帝国の第5代皇帝ネロ・クラウディウス・カエサル・アウグストゥス・ゲルマニクス（Nero Claudius Caesar Augustus Germanicus：37年～68年）のことで、悪名高い"暴君"として知られている。

届かぬ想い

ゼンメルワイスが発見した産褥熱の予防法は、当時においても安価で簡単で持続可能性の高い有効なアプローチであったが、医学界の権威に握りつぶされていた。賛同者もいないわけではなかったが、彼らは少数で、医学界のボスではなかった。

その分野の中心にいる人やボスが必ずしもいつも正しく、正義であるとは限らない。特に学問の世界ではこのようなボスが存在するし、また「寄らば大樹の陰」とばかりにそれに群がる人たちが大勢いる。それ自身は批判されるべきものではないだろうが、大樹のシェルターからあふれた、あるいは身を引いている人たちのような、社会の周辺にいる人たちに対して、場合によって正義という欺瞞で、主流は「弱い者いじめ」を始める。

ゼンメルワイスの悲劇性を強調するために、生まれてくる子どもたちと母親を救うための産褥熱の予防に固執し暴走した、理解されなかった時代の"落ちこぼれ"であるかのように書いている歴史家もいるが、彼のいうことに耳を傾ける人がいなかったわけではない。誤解はもちろん彼自身の言動からきている。その最大の根源は、ゼンメルワイスが上述の

『産褥熱の原因、概念、および予防』を上梓するまで、彼の理論を詳細に明らかにしなかったことに起因している。また、彼の研究スタイルが従来のものとはかなり違っていたことも、誤解の傍因の一つであったかもしれない。

ゼンメルワイスは病理解剖を熱心に行ない、産褥熱に関する豊富な知識を蓄積していたが、彼の理論の裏づけに、病院の図書館の棚に眠っていた二次統計データが使われ、自分で新規に収集したものではない、ということも批判の対象であった。今でいう「アームチェア疫学者」（自分が収集したデータではなく、他人が集めた二次資料を研究の分析対象とする疫学者）という批判であろう。もちろん、これがいつも批判されるべきものではない。疫学の父といわれるイギリスのジョン・スノーも既存の死亡データを用いて、コレラ対策の方法を発見している。また、十分な根拠を示すことなく、予防介入に直行したという批判もあるかもしれない。理論を構築するプロセス、理論の全体的枠組み、それを用いた介入の方法とその有効性などの詳細を、ゼンメルワイスは学術誌に発表する義務を怠った。

しかし、ゼンメルワイスは医学界の主流派およびペスト大学の同僚や病院スタッフに翻弄されつつも、諦めずに、自分が科学的に証明した、そして自分が信じる有効な予防法の普及に人生を捧げた。彼が嘱託で勤務した聖ローカス病院での産褥熱の死亡率は0.86％（死亡8人/出生993人）で、ペスト大学の1年目は0.39％（2人/514人）であった。大学では医療スタッフのサボタージュにあって、死亡率が4％に上がった時もあったが、その職員をクビにすると、死亡率を再び1年目のレベルまで下げることができた。同じころ、ウイーン総合病院産科病棟では（ゼンメルワイスの後任となったカール・ブラウン博士のもとでは）、1860年10月から11月の2か月間で96人の女性が死亡していた。

彼は諸々の反対やサボタージュなどに会いながらも、産褥熱の予防のために、病棟以外でもさまざまなことを実施した。国内では政府に働きかけて、全医療機関で予防法の実践を促す行政措置を通達させた。さらに街頭に出て、住民に"予防法"を直接啓発する行動に出た。しかし、街

頭の住民の反応は冷たかった。ゼンメルワイスの悲痛な叫びは、専門家の耳にも一般の住民の心にも届かなかった。聞く耳や心をもたない対象には、救いの手も悪魔の差出しとしか受け取られない。しかし、社会医学を勉強する者として、彼の決して諦めない執念に敬服する。

精神の変調

　ゼンメルワイスのこのような態度に対して非難は尽きない。ますます評判を悪くしていった。彼のこのような攻撃的な行動は、彼の本来の気質なのか、忍び寄る病気のせいだったのかどうか、今ではわからないが、私には後者の影響が大きいのではないかと思われる。実際この間、彼の健康状態も直線的に悪化していった。

　ドイツの病理学者ルドルフ・ルートヴィヒ・カール・ウィルヒョウは、ベルリンで「病理学の法王」として君臨し、ゼンメルワイスの産褥熱の研究の初期の反対者の一人として名高い。当時、世界的な大病理学者であったウィルヒョウの影響力は絶大なものがあって、ゼンメルワイスの学説に対する彼の批判は致命的であった。

　ウィルヒョウは後年、「医療はすべて政治であり、政治とは大規模な医療にほかならない」と宣言し、公衆衛生の改善を強く訴えている。その背景には、ゼンメルワイスへの悔恨の情があったと思いたい。人間は間違いを認めるかわりに、後から自分の過誤を補てんする行動に出ることがある。ウィルヒョウは本心から転向したのか、たんなる政治屋としてドイツ政治に参加したのか、現在では真意はわからない。

　1862年の後半から、ゼンメルワイスの健康状態はいっそう悪化し、不

ルドルフ・ウィルヒョウ　Rudolf Ludwig Carl Virchow, 1821-1902
ドイツのベルリンフンボルト大学医学部卒（Humboldt University of Berlin）、病理学者、人類学者、政治家など多彩な能力を備えた人物。「現代病理学の父」「医学の教皇」と呼ばれる。しかし、パスツールやコッホが提唱した病気の原因としての細菌説には強く反対、その関連としてゼンメルワイスの産褥熱に対する手洗いによる予防やリスターの消毒法などには猛反対した。最高権威にあるウィルヒョウの反対はその普及に大きな影響を与えた。また、病気や貧困対策を扱う領域を「社会科学（Social Science）」と呼んで、必要な社会改革を実践し、政治家として公衆衛生の発展に多大な功績を残した。出典：https://en.wikipedia.org/wiki/Rudolf_Virchow

可解な行動が増えてきた。友人や同僚は、彼のむら気な、怒りっぽい、忘れっぽい、理屈っぽい、尊大な行動を見逃すことはできなかった。そのころはまだ、病気とまでは認められなかったが、彼の行動変化は誰の目にも明らかであった。1865年の初夏まで、ゼンメルワイスは教授としての仕事を続けていたが、状態は悪化の一途をたどるばかりで、もうこれ以上職務を遂行できる健康状態ではなかった。教授会（1865年7月21日）の席上、突然妄想状態に陥り、予定されている教室の講師ポストの説明ではなく、助産師の宣誓を読み上げた時には、教授会はもう決断しなければならなかった。これが、彼が出席した最後の教授会となった。

　同僚に連れられて帰宅した彼は、妻のマリアに促されてベッドについた。マリアは、これまでも多くの証拠があったものの、それらを否定してきたが、もう現実に直面しなければならない、と思った。
「夫は正気の沙汰ではない！」――。マリアは夫の異常行動をうすうす感知しながらも、それに目を覆って耐え、子どもたちの養育に奔走していた。

　だが、ついにその日がきた。ペスト大学の同僚や助手に連れられて帰宅した夫の言動はもう常軌を逸し、正気の沙汰ではない、とマリアは認めざるを得なかった。「夫は精神障害者になった」ということを……。

ウイーンに死す

　同僚の教授のアドバイスを受けつつ、ゼンメルワイスはしばらく自宅療養していたが、改善する様子はなかった。温泉での休養も示唆されたが、もうその状態ではなかった。マリアはほかの人たちと相談し、夫を精神病院に入院させることにした。1865年7月29日の土曜日の夜、マリアは、ゼンメルワイスとともに、彼の助手と叔父、1歳になったばかりの娘アントニアを伴って、ウイーン行きの夜行列車に乗り込んだ。翌日早朝、列車はウイーン駅にゆっくり到着した。駅のプラットフォームでヘブラ博士が一人で一行を迎えてくれた。ゼンメルワイスは博士が誰であるかももうわからなかった。彼は変わり果てた弟子の姿に息を詰まらせた。

ヘブラ博士はマリアの叔父とともにゼンメルワイスを、彼が最近開業した療養所に案内したいと申し出た。しかし、ゼンメルワイスは療養所ではなく、大きな州立精神病院へ連れて行かれた。病院の庭で、ゼンメルワイスが職員と夢中で話している時に、二人はこっそり病院を抜け去った。

　ゼンメルワイスは、精神病院に隔離されたのではないかと疑うようになった。妻のマリアも叔父も消えたことに気づいた。彼はどうしようもない孤独と失望の淵に追いやられ、いても立ってもいられなかった。彼はもはや自分をコントロールする気力も能力もなく、ただ暴れ出すだけであった。

　それを止めるために、6人の看守は彼を抑え込まなければならなかった。それから2週間後の1865年8月14日、ゼンメルワイスが前日（8月13日）に「死亡した」という報せが家族に届けられた。まだ47歳の若さであった。看守に抑えられた時にできた右手中指のケガが原因で、"敗血症"によって死亡したといわれている。

　それは、彼自身が計画した実験ではなかったが、ウイーンでの第一回目の介入から数えて第四番目の実験となった。第一回の実験から18年が経過していた。彼は自分の死をもって、死体や生体に由来する"何らの未知の物質"が、血液に侵入し、敗血症を引き起こし、すなわち産褥熱を惹起し死亡させる、ということを証明した。つまり、産褥熱の原因は、生体や死体に付着した"何らかの未知の物質"であることを、ゼンメルワイスは最期に、精神病棟の中で実証したのである。

　マリアは、ゼンメルワイスの死から40年後に、「彼の入院後翌日、ゼンメルワイスが起き上がろうとしたとき、狂乱状態になったので、看守がやっと抑えることができた、といわれた。彼に面会することは許されなかった」と述べている。

ゼンメルワイスの悲劇

　ゼンメルワイスは1865年、親族や友人らに見守られることもなく、精神病棟の中で孤独のうちに逝った。47歳であった。ウイーンから逃げる

ように帰国してから15年が経過していた。1855年37歳の時にペスト大学医学部の産婦人科教授に就任し、38歳で年齢が約半分の20歳のマリアと結婚し、5人の子どもも授かり、幸せの絶頂にあるかのように見えた。だが、この幸せは長くは続かなかった。

このつかの間の幸福の代償であろうか、彼の健康状態は徐々にではあるが悪化の一途をたどり、ゆっくりとむしばまれていたようである。1858年40歳の時に、第一子が生まれてから47歳で亡くなるまでの7年間の彼の生活は、きわめて異常で、大学の教授としてはあるまじき行動を繰り返していたともいわれている。

散財もし、家庭の生活は徐々に貧窮してきた。彼が、ウイーンの個人病院ではなく、公立の精神病院にほぼ強制入院させられたのも、家庭の経済状態が非常に悪化していたことが原因ではなかったかと考えられている。妻のマリアの苦労は計り知れないものがあったと想像できるが、ゼンメルワイス関係の本で彼女のことについてはどこにも触れられていない。私たちは、偉大な仕事を成就する背景には、それを支える献身的な女房、あるいは夫や子どもたち、それに大勢の協力者がいることを忘れてはいけない。歴史の本では触れられていないが、彼の後半10年間の人生における妻マリアの貢献はきわめて大きかったと想像することはむずかしくない。

ゼンメルワイスに関する歴史の本の多くは、彼がペスト大学教授を馘首された、と書かれているが、彼は決して大学教授をクビになったわけではない。自ら辞任もしていない。精神病院に強制入院させられて、その病院の中で、法的には現職のまま、入院2週間後に死亡したのである。

皮肉なことに、解剖の病理所見は、彼が一生かけて研究した産褥熱の原因と概念、予防の謎を追究したものと限りなく似たものであった。彼は、プロフェショナルな全生涯をかけて予防することを研究した病気、そして彼の友人・同僚であったヤコブ・コレチュカ博士が命を落とした病気と同じ疾患で死亡した。

それは彼の運命であった。産褥熱研究に関する世界的大家が、自分が研究していた病気で亡くなった。これは「ゼンメルワイスの悲劇」とし

て後世に語られている。

本意は予防方法の普及

　ゼンメルワイスは、医師や医学生の汚染された手に付着した死体の
"何らかの未知の物質"が血流に侵入して、致命的な敗血症を起こすこと
を突きとめた。そして、塩素水がこの有害な未知の物質を無害にするこ
とを示し、産褥熱による妊産婦の死亡率を大きく減少させた。しかし彼
は、この有害な未知の物質が生きた"有機体"（細菌）であることは知ら
なかった。

　細菌の発見には、パスツールやコッホのような偉大な細菌学者の出現
を待たなければならなかった。一方で、彼は、産褥熱の原因が生きた細
菌であることを知らなくても、産褥熱を予防することができた。病気の
予防・対策には真の原因の特定は必ずしも必要ではない、ということを
ゼンメルワイスの仕事は示している。これはロンドンのブロードストリ
ートの井戸のコレラの話で有名なジョン・スノーの仕事に類似するもの
である。スノーとゼンメルワイスはほとんど同じ時代に活躍した医学者
である。それは細菌学勃興の20数年前のことであった。

　彼は、死体の"何らかの未知の物質"が生きた有機体であるとは、最後
まで知らなかった。知るチャンスは研究途中にいくらかあったともいわ
れているが、彼はその可能性について一度も言及していない。これは彼
の限界であったかもしれない。しかしながら、彼は、産褥熱の原因本体
の解明には関心がなかったのではないだろうか。というのは、「手洗い」
で産褥熱をほぼ完全に予防できるので、その本体が何であろうがなかろ
うが、彼にとってはそれほど重要なことではなかったのではないかと思
われるのである。

　ゼンメルワイスにとっては、彼の方法で、母親と新生児を救うことが
重要であり、その予防方法の普及こそ優先すべきものであった。原因本
体の解明が優先され、予防がおろそかにされていたら、逆に、彼の偉大
さは後世に伝えられなかったと思われる。私たちは、原因究明の名目
で、予防措置が遅れをとって、致命的な悲劇が発生した事例を多く知っ

ている。

産褥熱の病因は1879年、ルイ・パスツールが発見したといわれる。ゼンメルワイスの発見から30数年が経っていた。パスツールはその原因物質を、「数珠のような微生物（ストレプトコッカス・ピオゲネス、化膿連鎖球菌）」として報告した。新しい時代の幕開けであった。

ゼンメルワイスは、細菌学や外科学、産婦人科学の新しい時代の黎明期に亡くなった。パスツールらは、ゼンメルワイスがはじめた闘いを勝利へと導き、最終的に、戦勝の美酒に酔った。人は、それぞれの時代にそれぞれの役割を果たして、次の世代につないでいく。不幸な死を遂げたゼンメルワイスであったが、その役割を立派に成就した人として、彼は歴史に名を残した。

医学界から孤立

彼が生涯をかけて研究した産褥熱、その誘因である敗血症で亡くなった。これは「ゼンメルワイスの悲劇」として後世に語り継がれている。

遺体は、彼が勤務したウイーン総合病院の病理研究所へ運ばれた。彼が毎日のように使っていた、そして約20年前にヤコブ・コレチュカ博士が解剖されたのと同じ剖検台の上に遺体は横たわった。夫人は、ゼンメルワイスの右手中指の傷が原因で「敗血症になり、死亡した」と告げられた。中指の傷は、彼が最近の産婦人科の手術中に負ったものであると記録されている。

しかしながら、彼の直接の死因には謎が多い。精神科病院で何が行なわれているかどうかは現在でも外部からはわかりにくい。指や手、腕の傷のほか、胸の傷などは暴行の外傷以外は考えられず、彼は看守に抑え込まれ床に横たわったまま、彼らの靴で踏みつぶされたものと推定されている。妻マリアの証言とも、これは一致するものである。もちろん、この直接の死因は、彼の精神障害とは関係がない。精神障害の原因は、当時の産婦人科医の職業病の一つと見なされていた（第三期）梅毒に罹患していたのではないかというものである。これはもっともらしい。また最近の知見では、ゼンメルワイスは、アルツハイマー型若年性認知症

にかかっていたのではないかとも推測されている。

　しかし、死因が何であれ、彼の生前の偉大な業績が色褪せるもので
はない。フランク・G・スローター博士（アメリカの小説家・外科医：
1908〜2001）は、『不死身のマジャール人、ゼンメルワイス：産褥熱の
制圧』の本のタイトルからもわかるように、産褥熱の制圧に貢献した
「不死身のハンガリー人」としてゼンメルワイスの大発見を称えている。

　また、ゼンメルワイスの真の悲劇の一つは、彼の死亡原因が敗血症で
あったことではなく、彼の仕事が彼の生前において社会から、特に医学
界から認められなかったことではないだろうか。実際、彼の発見が広く
認められるのは、彼の死後であった。それゆえ、彼は後世に「報われな
かったヒーロー」「世界の女性を死の恐怖から救った英雄」として知ら
れている。

　一方で、彼の発見は、自分の想像を超えた大発見でもあったが、彼自
身はその大きさに気づいていなかった。フランスの作家・医師ルイ＝フ
ェルディナン・セリーヌ（Louis-Ferdinand Céline：1894〜1961）は、「ゼ
ンメルワイスの発見は彼自身の天才の力を凌駕していたと思われる。そ
のことこそ、彼の不幸の真の原因だったのであろう」と書いている。セ
リーヌがゼンメルワイスの生涯と業績に特別な関心を寄せ、彼に魅せら
れていた背景には、彼自身の人生と重ね合わせ、ゼンメルワイスが投げ
込まれた世界や時代において、悪戦苦闘する一人の青年に向けられた彼
のヒューマニズムの現れであったのかもしれない。

ある産科医の自殺

　産褥熱の原因本体は1879年、ルイ・パスツールが病巣からA群β溶血
性連鎖球菌（*streptococcus pyogenes*）を分離することによって特定されるこ
とになった。「手に付着した何らかの未知の物質」に関するゼンメルワ
イスの発見から、そして彼はその本体そのものは生き物（細菌）である
という認識はなかったが、化学物質で未知の物質を破壊することによっ
て、すなわち「塩素水による手洗い」を励行することによって、産褥熱
を予防することができることを実験的に示してから30年が経過してい

た。

　ゼンメルワイスの学説も介入方法も、彼の生前には医学界で一般化しなかった。当時、特にヨーロッパの大学の医学界の大御所は、たとえばクライン教授のように、彼の学説について客観的な評価も行なわないで、ただ無視し、反対した。その代償は、母親やその新生児の"いのち"であった。その数は、彼がいうように、神のみが知る。

　それでも一部の学者は、ゼンメルワイスの学説や予防方法に賛同し、それを推奨したが、彼らは明らかにマイノリティ（少数派）であった。彼の説を証明することは逆に、産婦人科医にとって非常に不愉快なことで、我慢できないことでもあった。証明しないことで、自分が無罪であることを信じたがっている人たちが大多数であった。

　しかしながら、ゼンメルワイスの学説と予防法にただ反対して、ここ数年、いや数十年にわたって罪もない妊産婦を殺してきている事実に恐怖し、傷ついている産婦人科医がいなかったわけではなかった。バルト海に面したドイツ・キール（Kiel）の産科病院および助産師学校の部長であったグスタフ・アドルフ・ミハエリスは、その数少ない産科医の一人であった。ミハエリスはゼンメルワイスの方法が正しいことを確信していた。

　ミハエリスは、ウイーンからの新しい予防法を聞いた2週間後に、手洗いを実施しないで、彼が愛しんでいた姪のお産に携わり、数日後に産褥熱で死なせてしまった。自分の病棟において手洗いを実施すると死亡率が激減するのを見て、彼は深い自責の念にかられ、"うつ"になって、1848年8月50歳で結局自殺してしまった。現在、キール大学では、助産師学校を「ミハエリス助産師学校」と改称し、彼の名誉を称えている。

グスタフ・アドルフ・ミハエリス　Gustav Adolf Michaelis, 1798-1848
ドイツキール（Kiel）生まれの産婦人科医。産褥熱に対するゼンメルワイスの手洗いの予防効果を知ってから、それを臨床に導入した最初の産婦人科医の一人だったが、自分の不衛生な産科処置で多くの女性（その中には最愛の姪も含まれる）を墓場に送ったことに対して、重篤な鬱になり自死した。出典：https://en.wikipedia.org/wiki/Gustav_Adolf_Michaelis

社会は往々にして、マジョリティの意見ではなく、マイノリティの意向が十分に反映されてはじめて進歩する。声なき声をひろい上げて集約し、着実に温める器量があってこそ、コミュニティの発展が期待できるのではないだろうか。

保守延命の犠牲

ミハエリスの死やゼンメルワイスの悲劇は、当時の未熟な社会の犠牲であった。二人は孤立し、コミュニティにおける自分の居場所を見つけることができなかった。

ミハエリスは自分の罪の意識にさいなまれて"死"を選択したが、一方、ゼンメルワイスは、医学界という狭い社会において、その構造改革を期待したところが多い。自分の学説は絶対に正しく、予防方法も確立されているのだから、それを実践しないほうがおかしい、と彼は考えたのではなかったか。このような社会を変えようと彼は意気込んだのではなかろうか。

たとえると、大河の水の流れはそう簡単には変えられない。川の支流をいくつもつくり、本流の流れをけん制しつつ、徐々に方向転換をしなければならない。それには時間がかかる。大きなタンカーの方向転換には小回りの利く小さなタグボートが必要なように、それぞれが適材適所でその役割を発揮してこそ、方向転換を可能にする。社会の改革もタグボートのようなものが常に必要であり、それが教育であり、住民の意識改革である。タンカーの船長の号令だけでは船は動かない。ゼンメルワイスは船の甲板の上で、正義をかざし、行く先を強く主張したが、タンカーは微塵たりとも動かなかった。

彼が医学界の中で正義を強く訴えても、旧態依然たる組織は、あのタンカーのように、びくとも動かなかった。これまでの利益をむさぼってきた人たちにとっては、動かないことが正義を守ることであり、自分の身を守ることにつながる。ゼンメルワイスはその体質に殺されたのである。

約150年前のヨーロッパにおいても、トップダウン的なやり方では社

会のレボリューション（改革）がむずかしかったようである。改革を改善の一歩と受け止めるだけの体制が不十分であったようだ。改革を決行するためには、それを受け入れるための条件整備が必要である。その最大の条件は「住民」の意識である。一人や二人の人たちが騒いでも、これは線香花火のようにか細く、短命である。ゼンメルワイスが主張した「手洗い励行」という社会正義は、煮え切らない社会構造に埋没され、その構造の延命のために、一部のサポーターを除いて、彼自身とともに社会の闇に葬り去られた。

　ゼンメルワイスの仕事は、悲運と無理解のために無視されたのではなく、しかるべき理由があって、長く後世まで評価されなかったのではないだろうか。

悲劇の要因

　真実は必ずしも社会正義にはなりえない。真実は真実として、これを基に今あるものを壊してゼロからつくり直すという、コミュニティのコンセンサスがなければ社会の改革は成しえない。一人の夢だけでは本当に"夢"で終わってしまう。しかし、大勢が同じ夢を見ればそれはもう夢ではなく、現実になるだろう。

　これは現代社会にも通じるものである。特に公衆衛生の実践には新旧に限らず、介入を受け入れるための社会構造の改革が必要である。そこに到達するまでの道のりは平たんでなく、時間を要する。そしてタグボートや、知識向上のための教育が不可欠である。いってみれば社会全体が成熟するための地道な努力そのものが公衆衛生活動であり、それは社会の組織された努力によって達成される。社会全体が、そしてその構成員の一人ひとりが、「改革」というモデルにリアリティーを感じなければ、それはなかなか成功しない。特に現代において社会正義とは、旧体制を破壊してゼロからつくり出すというよりも、現体制の枠内で社会システムの効率と公平さを追求する傾向にある。これは成熟した社会の「改革」の方法であるかもしれない。

　一人のカリスマ性のあるリーダーではなく、社会全体の底上げ、裾野

の拡大をとおして、持続可能な社会の発展に向かうという、新しい時代の改革方法であるかもしれない。その点から見ると、強力なリーダーを必要とする社会は未熟であり、かつ不幸である。ゼンメルワイスは、私の目から見て、じつに立派な反面教師であった。甘いリンゴをとるためには、「高い木のリンゴが熟するまで待て」といわれるように、社会の組織構造の改革のためには、その社会が成熟するまで待つことが必要である。現代においても「待つ」ことの重要性は変わらないどころか、ますます重要になっている。

ゼンメルワイスは実際急ぎ過ぎた。そのために旧態依然たる大波にのまれてしまった。彼は強いリーダーでもなかった。"手洗い"という簡単な方法に参加した同僚や学生一人ひとりに、その意味や効果を十分に説明しなかったばかりか、彼らに新しいことに挑戦し、参加するという心の高揚感も与えなかった。彼は自分自身が、おそらく「改革」という物語に酔って、まわりの人たちとともに自分の夢を共有することを怠った。共通の物語を話すことも、ともに構築しようともしなかった。

これは彼本人の限界であったかもしれない。彼は自分の能力以上のものに挑戦し、叩きのめされた。運命が打ち下ろす槌（つち）を途中で止めることはできなかった。しかし、彼の挑戦と苦悩の灼熱があったからこそ、次の世代における成功があったのである。

怠った持続的活動

当時のウイーン総合病院第一産科病棟では医師と医学生は、検死後、簡単に手を洗うだけで病室に直行するのが常であり、しばしば死体特有のいやな臭いを付けたまま、妊婦の診察を行なっていた。つまり、産褥熱で死亡した妊婦を隣の剖検室で解剖後、ろくに手も洗わないで、彼らは妊婦を内診していたために、手に付着した"未知の物質"が膣や子宮の損傷部分を経由して体内に侵入し、敗血症を伴って死に至らしめていることを、ゼンメルワイスは突きとめた。

第二病棟で研修している助産師は死体の剖検を行なっていなかったため助産師の手は汚れることはなかった。第二病棟における産褥熱の死亡

率が、第一病棟に比較して低いのはそれが原因であった。この考えが正しいのであれば、手に付着した死体の物質を除去することによって、死亡率は減少するはずである。そして、ゼンメルワイスはその予防方法まで検証し、その効果を証明した。

すなわち、彼は、剖検後は、妊婦の診察を行なう前に"サラシ粉"（塩化カルシウム）の水溶液で必ず手を洗うこと、そして爪の間もブラシでこすってよく汚れを落とすことをすべての学生に命令した。病室に入る前の手洗いだけではなく、診察する患者ごとに塩素水で手洗いすることを推奨した。その結果、第一病棟において産褥熱の死亡率は急激に減少した。

新しいことを、イノベーションを社会に定着させ、促進するには、「忍耐強さ」と「配慮」が不可欠であり、簡単に実践できるものではない。実験結果が正しく、そのエビデンスに基づく予防対策であっても、それを社会や医学界に認めさせることは非常にむずかしい。それを認めさせるためには、時間に沿った緻密な持続可能な活動が必要である。ゼンメルワイスのように性急であってはいけない。そして、介入として提案する場合には、今ではあたり前だが、その"エビデンス"を提示することが求められる。さらには提示したからといって、介入が一般に受け入れられるとは限らない。だからこそ、業界や地域住民を説得するのに失敗に失敗を重ねても、諦めない精神が不可欠なのである。

さらに、"手洗い"という簡単な作業でも、その環境や文化の中で実施が容易であると当事者に受け取られなければならない。そのためには専門家や学会、行政、政治の側面から支持を得、介入が受け入れられる素地をつくることが必要である。これも言うは易しいが、諸々な政治的背景のなかで、持続的に実行することは難儀である。

残された6つの教訓

消去による帰納法と病理解剖学的手法を論理的にうまく駆使して確立した臨床科学の功績によって、現在では、ゼンメルワイスは「感染予防の父」と評されるが、当時、ゼンメルワイスの方法は広まらなかった。

その理由として、いくつか列挙することができる。

その一つは、彼が最後まで学会や学術誌に自分の研究成果を十分発表しなかったことがあげられる。帰納法と病理解剖学的手法を論理的に用いて、産褥熱の原因を究明したにも関わらず、その輝かしい成果を持って医学誌に打って出ることはしなかった。つまり彼は、自分の研究成果、エビデンスを最後まで誰にでもわかるかたちで提示しなかった。これにはいろいろな原因が考えられるが、論文作成に慣れていなかったことや言葉の問題、彼の性格などが影響したのではないだろうか。

二つ目は、学生にとって"手洗い"は時間がかかり面倒なことであった。当時の状況では、手洗いの実施が必ずしも容易であるとは受け止められていなかった。手洗いは簡単なことであると思われているが、意外に今でも相当の割合で実施されていないデータがある。たとえば、ジュネーブ大学附属病院における医師の手洗い励行率（2004年）は、専門分野で異なるが、麻酔科23.3％、外科36.4％、救急医療50.0％で、もっとも高い内科で87.3％であった。また、教授や主治医の励行率は49.3％、フェローや研修医は57.1％、そして医学生は78.9％であった。専門分野や学生を含む医療スタッフの間で、手洗い励行率に有意な差が見られたのである。

三つ目は、医師自らが妊産婦に産褥熱を罹患させ、つまり自らが原因となって妊婦を死に至らしめていることは、彼らにとって非常に受け入れがたいものであった。現代の「医原病」というわけだ。

四つ目は、ゼンメルワイス自身の非社交的な性格が災いしたのかもしれない。これも彼生来のことなのか、病気の進行に伴って後天的に非社交的になったかどうかはわからないが、彼の学生時代の闊達な様子から判断して、後者のほうが大きかったと想像することはむずかしくない。

五つ目は、非社交的で攻撃的な彼の性格が学会の重鎮を敵に回したことである。これは次に述べるものとも関連するが、イノベーションを快く受け入れる素地をつくるために、ここでは狭い意味で専門家や学会、行政と政治からのサポートが得られるような強固な関係を日ごろから築いておく必要がある。

第1部 第3章 ゼンメルワイスの闘い 133

　六つ目は、それが一番の理由であるかもしれないが、医学界を含む社会全体が彼の新しい仮説を承諾し、実践できるまでに成熟していなかったことが原因ではなかっただろうか。

　ゼンメルワイスの逸話から、私たちはいくつかの教訓を学び取ることができる。その一つは「急がば回れ」で、この格言はここでも生きている。

　従来のやり方を打ち破って、今までとは異なる新しい方法を社会に導入するためには、それを受け入れる社会の基盤整備、つまり社会がそれを享受できると思うところまで社会全体を暖め、行動できる沸点まで持っていく努力が必要である。それはイノベーションの技術を開発するよりも、もっと時間のかかることである。ゼンメルワイスは彼の非社交的な性格なども関係していると思われるが、少なくとも関連する学会やその重鎮ら、そして彼が所属する社会に対して自分の研究成果について十分な説明を行なわなかった。

検証──ゼンメルワイスの研究手法

　ゼンメルワイスは、産褥熱に関する既知の仮説を周到に吟味し、その発生の状況に適合しないものを消去していった。彼が、既知の仮説を棄却していくプロセスは、一点の妥協もゆるさないほど緻密で論理的であった。多くの仮説を消去しながら、新しい仮説を構築していく過程は建築家が高層ビルを建てるように計画的で、少しの狂いもなかった。

　彼は、産褥熱に関する既知の仮説が事実と確実に矛盾するとしてそれをただちに退け、残りの仮説を次々に吟味していった。彼のこの科学的探究方法は、科学哲学や帰納法の論理を扱った文献にしばしば登場する。消去による帰納法は、前述したように哲学者であるフランシス・ベーコンによって原型がつくられ、経済学者・哲学者であるジョン・スチュアート・ミルによって現在知られているようなかたちに定式化されたといわれている。

　ミルは、因果関係を確立するための5つの基準（カノン）を提案している。つまり、経験を単純化、組織化するための方法を明確に述べ

134

たものである。ここでは、カール・グスタフ・ヘンペル（Carl Gustav Hempel：1905〜1997）（『自然科学の哲学』黒崎宏訳）や赤川元昭（『仮説構築の論理－消去による帰納法－』）が、ゼンメルワイスの科学的探究の過程を詳細に検証しているので、これらを参照する。彼の手法は、研究一般の探索過程にも通じる普遍的なものであり、これからの疫学研究にも十分に応用可能であると思われる。

　彼の探究過程を、帰納法による5つの基準に照らして簡単に要約すると、第一の基準は、「一致法」と呼ばれるもので、「ある結果が生じる時に共通して観察できるような要素に注目するという方法」である。ゼンメルワイスは、第一病棟と第二病棟における産褥熱の死亡率の格差に注目し、二つの病棟に共通して観察される要素を探索した。

　第二の基準は、「差異法」と呼ばれるもので、「ある結果Xを引き起こす原因と考えられる要素」を想定し、要素Aが存在する場合にXという結果が生じ、存在しないケースにはXという結果が生じないのであれば、別の要素、すなわち要素Bは消去される。

　第三の基準は、一致法と差異法を両方とも使用する探索方法で「一致差異併存法」と呼ばれ、ゼンメルワイスは「一致法と差異法を連続的に用いることによって」産褥熱の原因を探索し、その重要な手がかりを得ることになった。

　第四の基準は、「共存法」と呼ばれるもので、「ある結果に量的な変化が見られる場合、それに対応するように変化する要素に注目するという方法」である。つまり用量反応の関係を検証しようというものである。

　第五の基準は、「剰余法」である。つまり、「これまでの探索によって、要素Bが結果Yを引き起こすことがあきらかである場合には、何らかの結果が発生している条件から、要素Bと結果Yを差し引いてしまってもいいという方法」である。ゼンメルワイスの探究において、この方法が用いられたと思われる証拠はない。

　ゼンメルワイスは消去による帰納法を用いて、これまでに知られている仮説を選別し、既知の要素を次々と消去することによって、産褥熱の原因となる本来の要素の特定へと進んでいった。しかし、この探索によ

って導き出される結論は、あくまでも真偽不明のものにすぎない。だが、その結論は観察事実によって反駁することが可能であり、また、ある結果が生じる理由を説明づけるものでもある。

ゼンメルワイスが「消去による帰納法」を熟知していたかどうかは不明である（おそらく知らなかったのではないか）。その方法は結果として、産褥熱の原因探究にきわめて有効であった。"死体の何らかの未知の物質"は、偶然ではなく、事実に基づく探索を繰り返し、仮説を選択し棄却することによって発見された。その一連の検証過程において、本来の科学的な仮説としての形態が整ってきた時に、ヤコブ・コレチュカの病理解剖所見を評価するという偶然の機会に恵まれて、発見の糸口をつかむことになった。

原因仮説に関わるあらゆる要素をしらみつぶしに洗い出しては、その一つひとつを消去していいかどうかを吟味していくという彼の努力は、まさにベーコン的科学方法論の推奨する科学の正統的な手続きであった。彼は、消去による帰納法の忠実な実行者として、医学界よりも科学哲学の分野でよく知られているのは、このような事情があるからであろう。

対照実験の欠落

ゼンメルワイスは、彼の研究成果を学術雑誌に発表するという、研究者としての基本中の基本を怠った。その背景には、彼の語学力や原稿作成の鍛錬の不足などもあったかもしれない。また、真実は真実として社会に当然受け入れられるべきであるとする、彼の傲慢さも背景の一つにあったのではないだろうか。それに加え、ゼンメルワイスのもう一つの不備について述べるとすれば、彼は、自分の仮説について、科学的に十分検証しなかったことである。

彼とほぼ同じ時期に活躍したヤコブ・ヘンレは、ウイーン学派の研究者と同様に病理解剖に魅せられた学者の一人で、1840年ごろにすでに、多くの病気は寄生する"細菌"によって起こると推測していた。後世において、「ヘンレ・コッホ条件」として親しまれている「特定病因説」の

原理を提示した人としても有名である。

　ヘンレは1840年（ゼンメルワイスが産褥熱の原因を発見する7年前）に、彼がスイス・チューリヒ大学の解剖学教授であった時に、伝染性の微生物が起こす病気の実在を証明するためには、(1)病原体が純粋なかたちで分離され、(2)実験動物にそれを感染させて病気を発生することができなければならないと考えた。しかし当時は、純粋培養の技術が確立されておらず、このアイディア（原則2）は仮説のままにとどまっていた。のちに（炭疽菌や結核菌を分離し、それぞれの病気の病原体として確立した1880年前後）コッホがこの原則をさらに拡大・改良し、現在の「ヘンレ・コッホ4原則」を確立したのである。

　ここで述べたいのは、ほぼ同じ時期に活躍したゼンメルワイスが、病気の原因に関するヘンレやほかの人たちのアイディア（すなわち細菌によるという病因論）にまったく触れることがなかったかどうかである。ヌーランドによると、彼には「その機会があった」という。

　それであるならば、彼はどうして「対照実験」によって、臨床観察から導き出した自分の仮説を証明しようとしなかったのであろうか。半ダースほどの数のウサギを用いて、産褥熱で亡くなった死体の"何らかの未知の物質"が入った体液を、少し傷ついた産道にブラシなどでこすりつける「実験群」と、単なる蒸留水や塩素水、あるいは事故で死亡した人や産褥熱以外の疾病で死亡した人の体液など、何らかの未知の物質で汚染されていない水溶液を塗布した「対照群」における産褥熱様疾患の発生率を観察する「対照実験」を行なうことができたのではないか。そして、それぞれの群で死亡した動物の剖検所見を観察することによって、死体の"何らかの未知の物質"の役割をより科学的に提起できたであ

ヤコブ・ヘンレ　Friedrich Gustav Jakob Henle, 1809-1885
ドイツ・ババリア・フルス（Bavaria, Fürth）生まれ、1832年ボン大学医学部卒、病理学者、解剖学者。1840年出版の『ミアズマ（毒気）と感染病原体』"On Miasma and Contagia"は、病気の発生に対する細菌説を支持する初期の刊行物。ロベルト・コッホは彼の教え子。ヘンレ自身は細菌を発見していないが、病気の原因の条件を確証するためのヘンレ・コッホの原則を確立。出典：https:// https://en.wikipedia.org/wiki/Friedrich_Gustav_Jakob_Henle

ろう。これは決してむずかしい動物実験ではなかった。ヘンレなどの報告からもわかるように、当時においてもこのような簡単な対照実験の手法は知られていた。しかしながら、ゼンメルワイスが実行した動物実験はあまりにお粗末であった。

不透明な実験結果

ヌーランドによると、スコダ教授の熱心な薦めもあって、ゼンメルワイスは1847年3月から8月の間に、ロキタンスキー研究室のジョージ・マリア・ラウトナー（Georg Maria Lautner）博士の協力を得て、9匹のウサギを使って動物実験をしぶしぶ行なった。すなわち、本来、自分ではやる気のない、押しつけられた実験であった。

死体からのさまざまな排出液を浸み込ませたブラシを、分娩直後の7匹のウサギの子宮や産道に挿入した。他の2匹のウサギには、注射器で産道に液体を注入した。最初の3匹には、産褥熱で死亡した女性の腹部の不透明な排出液を浸み込ませたブラシを用いた。これらのウサギは3匹とも死亡し、剖検所見は産褥熱による死体のものとまったく同じであった。残りの6匹には、産褥熱とは関係のない病気（栄養失調や結核、発疹チフス、コレラなど）による死体からの排出液を、ブラシと注射器で注入した。結果は**表6**に示すとおりである。

ゼンメルワイスは、「ウサギの死体に見られる病理所見は、産褥熱で死亡した死体のものと同じである」と主張しているが、実験手法が非常に無計画で、彼の仮説の証明につながるような実験データを生み出すことはできなかった。最初の3匹の結果以外は全体として、実験の成果の解釈がきわめてむずかしかった。

この実験計画は確かに幼稚で、科学的な批判に耐え得るものではなかった。これは今だからいえるというものではなく、当時においても、もっと適切・精緻な計画を立案できたはずである。たとえば、対照（コントロール）の選択がより適切に行なわれていれば、結果からの解釈は容易で、仮説証明のデータとして有用であったと思われる。実験番号8と9のウサギにも実験1−3のものを同じ腹腔内液体を注入し、コントロール

表6　ゼンメルワイスが行なった動物実験（分娩直後のウサギ）の結果

実験番号	感染方法	挿入部位	注入した体液	生死の状態	病理解剖所見
1	ブラシ	膣と子宮	産褥熱で死亡した妊産婦の腹腔内液体	死亡	明らかに産褥熱の所見
2	ブラシ	膣と子宮	産褥熱で死亡した妊産婦の腹腔内液体	死亡	明らかに産褥熱の所見
3	ブラシ	膣と子宮	産褥熱で死亡した妊産婦の腹腔内液体	死亡	明らかに産褥熱の所見
4	ブラシ	膣と子宮	栄養失調で死亡した男性の血液と結核で死亡した男性の胸腔内液体と腹腔内液体	生存	
5	ブラシ	膣と子宮	実験4と同じ人からの腹腔内液体	生存	
6	ブラシ	膣と子宮	原因不明の疾患で死亡した男性の胸腔内液体と発疹チフスで亡くなった男性の腹腔内液体	死亡	中間で不明だが、明らかに産褥熱の所見ではない
7	ブラシ	膣と子宮	コレラで死亡した男性の肋（骨）間の膿瘍からの膿	生存	
8	注射器	産道	実験4で使われたウサギに出所不明の液体	死亡	腹膜炎で、明らかに産褥熱の所見ではない
9	注射器	産道	原因不明の疾患で死亡した男性の腹膜液	死亡	実験8と同じ所見

出典：ヌーランドの著作より著者作成

　のウサギには未知の物質が入っていないと確認できる腹腔内液体（事故死や別の疾患の）を用いておれば、実験結果をより簡単に、また確信的に評価できただろう。

　実験6、8、および9の病理所見の解釈においても、彼の結論は限りなく不透明である。実験する前から結果を予想できたので、産褥熱と同じ所見が見られないと推測することは容易である。この場合、病理所見を観察する人はどのウサギが何を注入されたか知らないようにする必要がある。そうでないと、観察者は結果が期待されるほうへと流されてしまう、いわゆる、観察者の「バイアス」（偏り：Observer bias）が発生する可能性が高い。観察者のバイアスとは、「観察者が見いだすことを期待

している行動を強調しすぎて、それ以外の行動に気づかないという測定
における誤差」である。新薬の臨床治験などで、一重（単純）マスク
（盲検）法や二重マスク法が使われるのは、この"偏り"を最小限にとど
めるための方法である。そうでないと観察者は、新薬を服用している患
者が、従来の薬を服用している者よりよくなっている、あるいはより早
く回復しているはずだと考える。また、患者自身は新しい薬を飲んでい
るのだからより良くなっている、あるいは早期に回復しているはずだと
思い込んでしまうのである。

新しい時代の幕開け

　ゼンメルワイスの場合、このようなバイアスが実際にあったかどうか
はわからないが、その可能性を否定することはできない。その可能性を
排除するような科学的方法が採られなかったがために、その結果が過大
評価・解釈された可能性を否定できず、実験全体に関する信頼性がゆら
ぐことにもなった。

　とはいえ、この実験は、彼の仮説を証明するのに必要な貴重な証拠
（データ）を提供していた。産褥熱で死亡した女性の死体の腹部の液体
を浸み込ませたブラシを膣と子宮にこすりつけた3匹の分娩直後のウサ
ギは感染し、3匹とも産褥熱で死亡したということは疑う余地のないも
のであった。産褥熱以外の死体の液体を注入したウサギは生存している
か、産褥熱以外のもので死亡していた。病理解剖に熟練したゼンメルワ
イスが3つの剖検所見（実験番号6、8、9）を間違うことは実際考えがた
い。

　これを単なる予備実験として、より適切な対照実験を実施していた
ら、彼の仮説の証明は大きく前進したであろう。残念なことに、彼はそ
の後、動物実験を再び実施することはなかった。ゼンメルワイスとジョ
ージ・マリア・ラウトナー博士はこれまで動物実験を試みたこともなか
ったし、そのための訓練も受けていなかった。二人ともその種の実験に
ついてまったくの素人であった。また、動物実験の価値を十分に理解し
ていなかった節もある。

彼が動物実験に真剣に取り組まなかった背景には、ロキタンスキーやウィルヒョウらを筆頭とする当時の医学界で、マクロ的観察を中心とした病理学的手法が主流であったことも、傍因の一つであったかもしれない。それに関連して、病気の発生は生態の病理的変化の産物であるとして、外部からの異物の侵入による発生機序はほとんど念頭になかったと思われる。ゼンメルワイスにしても、時代の産物で、その呪縛から逃れることはできなかったのであろう。

十数年後に活躍するパスツールとコッホらは、その呪縛を解き明かし、パラダイムの転換を通して、新しい時代の基礎を築いた。別の言い方をすれば、ゼンメルワイスがまいた種でできた美酒を、後世の彼らが美味しく賞味したということである。私たちは日常的な煩雑さの中で、歴史から学んでいるという実感をもつことは少ない。しかし、私たちは大きな歴史の連続性に翻弄されているのだと思う。ゼンメルワイスのように……。

どんな日だっていつかの昨日である。過去は変えることはできないが歴史から学んで未来を変えることは不可能ではない。明日は手つかずで、未来はすべての人に公平であるように思うし、そのような社会であって欲しい。

母親たちの救世主として

ゼンメルワイスは、彼の方法を採用すれば、母親と生まれてくる子どもを救うことができる、と命をかけて訴えていたが、残念ながら、彼の声は医学界に届かなかった。逆に、彼の主張は時代の流れに逆らうものであった。彼には、産褥熱の原因は外部からの腐敗有機物（何らかの未知の物質）であることは確かであった。しかしながら、産褥熱が外部からもたらされる腐敗有機物によって起こると理解することは、すべての病気の原因が体内の細胞の病理変化に起因するものであるとする時代の趨勢の中において、簡単なことではなかった。

ゼンメルワイスは、彼の理論を応用すれば、これまでのすべての矛盾を説明することができると確信していた。これだけの事実が蓄積されて

いるのだから、これを受け入れようとしない人たちは真実を受け入れる勇気がないということである、と彼は考える。おそらくこのような人たちは、これを受け入れることで大きな罪の意識に悩まされるのではないか。しかし、事実は事実で変えられないし、事実を否定することは逆に慚愧の意識を高めるばかりではないか。

1859〜1860年の間に書き上げた彼の唯一の著書となる『産褥熱の原因、概念、および予防』において、彼は、自分の理論とそれにいたるプロセスならびに予防方法を詳しく記載しているし、自分の予防法に絶対の自信をもっていた。そうでなければ、あのような書物を上梓することはできない。彼には、確信できる理由があった。彼はいう。「この本を読むすべての人は私と同じ確信にたどり着くことを希望する、人類のために」——。

ジャック・フランソワ・エドワール・エルビュー（1818〜1895）が「女性にとっての産褥熱は、男性にとっての戦争のようなものだ。産褥熱は、戦争のように、全人口の中でもっとも健康で勇敢で、もっとも中心となっている人々の命を奪う。戦争のようにその人の人生で一番いい時期に襲いかかるのだ」と書いているように、この病気は祝福されるべき若い母親たちを長い間苦しめてきた。予防する方法はないというのが当時の社会と医学界の通念であった。それゆえ、この人生の登竜門を通過した者だけが一人前の大人の女性になると見なされていた。

ゼンメルワイスは、「自分は母親を救いたいだけだ」といっているのだが、一方で、医師は病気の治療もするが、その原因もつくっているのだということを医学界に暗示しているようなものでもあった。自分という医師がじつに殺人者である、という彼の原理を正しいと認めるとすれば、妊産婦たちをその手で死に追いやりつつあることを認めることになる。つまり、「医師は命を救うことだけではなく、命を奪うこともしている」ということを彼はいっているのであった。

「彼は正しかった。しかし、彼はそれをいうのに相応しい人ではなかった」とジュリー・M・フェンスター（Julie M. Fenster）は書いている。

「感染予防の父」として

「私が墓場に早まって送ってしまった女性の数は、神のみが知る」とゼンメルワイス自身がいっているように、彼は自分の良心の呵責に人一倍悩まされた。彼は、「世界の女性を死の恐怖から救った英雄」「消毒法のパイオニア」として知られ、彼の発見と彼が進めた対策は、彼の死後、世界の医学に大きな影響を与えた。

しかし見てきたように、彼は予防法を発見したが、それを普及させ、世界の女性を救うまでには至らなかった。これがゼンメルワイスの最大の悲劇であったし、人類の不幸であった。そのために彼は、「悲劇の人」として歴史に足跡を残した科学者としても知られている。

もっと悲劇であったのは、当時不幸に倒れた人びと（妊産婦）は、「自分たちが医療体制内部の不条理の犠牲にされたものであることを、誰一人知る者がなかった」ことである。このような医原病は現在も発生しているが、表舞台にはなかなか現れがたい。そのため今でも、医療被害から一般の患者が身を守ることはきわめて困難である。

ゼンメルワイスに対する評価は彼の死後において初めて正しく行なわれ、特に今では彼の母国ハンガリーではヒーローになっている。彼が教鞭をとっていたペスト医科大学（のちにブダペスト医学大学）は、大学の200周年（1969年）にあたって、「母親の救済主」として知られる彼の業績を称えて、「ゼンメルワイス大学」（在ブダペスト）に名称変更された。また彼が住んでいた家は現在、「ゼンメルワイス医学史博物館」として、彼の業績を伝えている。ハンガリー・ミシュコルツには、彼の名を冠した「ゼンメルワイス病院」がある。さらに、彼に対して非常に批判的で冷淡であったウイーンでも、女性のための「ゼンメルワイス・クリニック」が開院されているし、2008年には、オーストリア記念硬貨のモチーフに選ばれている。

人間の価値は、その地位だけにあるのではない。地位は、時の運もある。ゼンメルワイスはウイーン時代にことごとく、天に恵まれず、また最期も悲劇であった。しかしながら、妊産婦に対する愛情および、彼女

らを救うための産褥熱の予防に対する情熱と執念、そしてその執念を悲願として、また最終的にはそれを自分の理想としてかかげ、追究し続けたたゆみなき精進のなかに、私たちはゼンメルワイスの真の価値を見いだすべきではないだろうか。当時の権威主義と事大主義に対抗して掲げた理想に向けた彼の純粋な歩みは、薄氷を踏むような危険なものではあったが、私たちの心をつかんで離さない。別の角度から見れば、精神病院での悲劇の死さえも、燦々と輝いて、よりいっそう光被する。

　彼の死後十数年経ってから、産褥熱の原因は"連鎖球菌"の感染によるものであることがフランスの科学者パスツールによって明らかにされた。驚くべきことは、彼の予防法は、細菌学的発見の前に行なわれたということである。

　手洗いの必要性は、「はじめに」にも記したように、今日では広く認識されている。しかし、日本のような先進国においても、手洗いの励行が現在でも徹底されていない現実があることも事実である。本当に、残念なことといわねばならない。大学病院や医学部の食堂などでは、今でも白衣を着たまま料理を注文し、食べている学生やスタッフが後を絶たない。清潔な白衣であればまだいいのだが、汚れや染みがひどいのもあるし、手術室から直行した青い手術着を着たまま食事している人もかなり見かける。彼らが食事前に十分に手を洗っているという保障はない。手洗いや消毒は簡単で医療関係者の間では徹底されていると思われているが、現実はかなり違う。

　また、今、途上国を中心とした世界における診療（ヘルスケア）関連の感染症に関する疫学研究などは、WHO（世界保健機関）などを中心に始まったばかりである。問題の大きさや深刻さに対する認識は徐々に共有されつつある。その詳細に付いては別の機会に譲らなければならない。

第2部
手洗いの疫学

第1章
グローバル化時代の手洗い

手洗いは人命救助

　国連は2008年に、「衛生」（トイレなど）を利用できない人が地球の全人口の3分の1以上、24億人もいることを報告した。そこで、国連は2015年までに、国連ミレニアム開発目標（MDGs）を達成するための一環として、2008年を国連の「国際衛生年」とし、「10月15日」を「世界手洗いの日：Global Handwashing Day」と定めたことは第1部で述べた。WHO（世界保健機関）を含む国連機関はしばしばこのような特別な日を設定する。たとえば、WHOが定めている「世界保健デー：World Health Day」（4月7日）や「世界エイズデー：World AIDS Day」（12月1日）はその典型である。

　4月7日は1948年にWHOが創設された日、つまりWHOの「誕生日」を記念している。12月1日の「世界エイズデー」は、1988年1月にWHOが主催したロンドンでの世界厚生大臣会議において決まった。その当時、私はWHOのエイズプログラムに勤務していた。それが決まった時、スタッフは全員ラウンジに集まってシャンペーンを開けて喜んだものだ。そのような特別な日を設定することによって、国連は関連した行事の認知度を広げ、グローバルな活動を加速して行く。こうした国連の特別な日に途上国ほど敏感である。多くの途上国は、それに対して国民を総動員して国家キャンペーンに当たる。国としても国連の特別の日に

呼応してナショナル・キャンペーンを展開するほうがより効果的である
からであろう。

WHOでは、「清潔なケアはより安全なケア：Clean Care is Safer Care」
をスローガンにして、患者の安全に対する国際的なプログラムを展開し
ている。その中心的テーマは「手指衛生」をいかに普及させ、徹底させ
るかどうかである。「救命：あなたの手を清潔に」（SAVE LIVES：Clean
Your Hands）というテーマが、医療従事者の間での手指衛生を改善する
ためのグローバル・キャンペーンの一つとして展開され、ケアの領域に
も導入されている。つまりそれは「清潔なケアはより安全なケア」につ
ながるという考え方に基づいている。

そのキャンペーンは、医療従事者の手指衛生を適時にかつ適切に保
持・改善し、医療現場において生命を脅かす感染症の流行を収束させよ
うとする活動を世界中の人々に広く普及させるために行なわれている。
その背景には特に途上国においては、医療施設や衛生状態が劣悪で、知
識も不十分であるため、感染症の脅威にさらされているという現実があ
る。

最近の感染症の流行は動物由来のものがほとんどである。人と家畜と
の共存がより密接である途上国において、SARS（重症急性呼吸器症候
群）や新型インフルエンザ（パンデミック〈H1N1〉インフルエンザ）
などの人獣共通感染症が頻繁に発生、それが世界的に拡大し、パンデミ
ック（大流行）を引き起こしている。そのような傾向にあって、動物を
飼育するファーム（農場）や感染者が集合する病院などに勤務する人た
ちをはじめ、地域住民への衛生教育、特に「手洗い」や「手指衛生」の
徹底がますます重要になってきている。途上国、先進国を問わず、「手
洗い」の重要性は現在でもすこぶる大きい。

「消毒法」の提案

19世紀、ウイーン総合病院で、若い母親たちが次々と死んでいた。今
では信じられないことであるが、当時医師や医学生は、死体解剖の後、
手を洗わずにそのまま病棟に直行し、妊婦の内診・分娩を行なってい

148

た。ヨーロッパ屈指の病棟を構えていたウイーン総合病院でさえ、それが「常識」だった。

ゼンメルワイスは命がけで「手洗い」を提唱したものの、手を洗うという行為が定着するまでには、長い時間と過酷な闘いがあったことは上述した。彼は、産褥熱の予防のために、つまり若い母親を救わんがために、当時もっとも権威のあった学会にはむかってまで「手洗い」を提唱した。医師は産褥熱を「治せないだけでなくその原因にもなって」、若い尊い命を奪い取っているということを彼はいいたかったのであろう。上司のクライン教授や彼の秘蔵っ子たちは、ゼンメルワイスの仕事を通じて、産褥熱に対する手洗いの効果をうすうす知っていたようであったが、自分たちが何の罪もない女性を死に追いやっているという事実を認めるわけにはいかなかった。それを認めれば、これまで保っていた権威が音を立てて崩れる。

彼自身は、自分の汚れた手によって多くの女性が死んでいったという罪の意識が強く、自殺を考えたほどであった。彼は四面楚歌の状況の中で、手洗いという自分の信念をもって（若い母親たちを救いたい一心で）、病棟での洗浄・消毒を徹底しようとした。しかし、彼の学説を受け入れることは、自分たちの手をもって長年、罪もない妊産婦を墓場に送っていた事実、つまり産褥熱が"医原性の病気"（医原病）であるということを認めるものであった。世界の医療を先導していたウイーン医学界でも当時、その事実を認めるほどにはまだ成熟していなかった。

またその後、世界的な病理学者ドイツのウィルヒョウ（1821〜1902）は、彼の病理学説（彼はミアズマ〈瘴気〉説を支持していた）と客観的な証拠に基づくゼンメルワイスの新発見とは相容れないとして、後者の学説を一刀両断に切り捨てた。当時は今以上に、権威者の地位は高く絶対的であった。

ゼンメルワイスの学説は彼の生前には医学界で認められず、彼は心身ともに疲弊し精神病院に送られ、そこで看守の暴行が原因で47歳の若さで人生の扉を閉めた。いや、閉ざされた。現在では、それは「ゼンメルワイスの悲劇」として、また院内感染予防の重要性のほかに、「ゼンメ

ルワイスの悲劇を二度と繰り返してはいけない」という教訓としても後世に伝えられている。

本書は一人の疫学者の視点から、彼の壮絶な闘いを再現しようと試みたものである。そして、今では「消毒学の父」と呼ばれるジョセフ・リスターは、ゼンメルワイスが死んだ1865年に、骨折した少年の傷口をフェノールで消毒し治療した。その成果は歴然たるもので、1867年に「外科手術の無菌法について」というタイトルで医学雑誌『ランセット』に報告された。それはその後「無菌法」呼ばれ、術後の感染症を劇的に減少させることになった。またウィルヒョウは、ゼンメルワイスの「手洗い」にだけではなく、リスターの消毒法にも強く反対していた。しかしこの間、リスターの方法を用いて、「普仏戦争」（または独仏戦争：1870〜1871年）で傷ついた多くのドイツ戦傷兵の命が救われていた。

ウィルヒョウは後日、自分の誤りを認めて科学者（病理学者）から政治家に転身した。彼はリベラル政党進歩党の共同創設者兼メンバーとして、ビスマルク首相に対立した。ベルリン市議会議員（1859〜1902）やプロイセン王国下院議員（1862〜1902）、ドイツ帝国議会議員（1880〜1893）として、40年以上にわたり政治家をつとめた。その間に、ベルリンに近代的な下水道を完備させるなど、公衆衛生に大きな業績を残したこともここに付記する。ウィルヒョウはこの攻撃的な性格にして、もともと政治家志向だったという話もある。

「消毒法」の開発

リスターは、パスツールが1861年に『自然発生説の検討』を著し、従来の「生命の自然発生説」を否定していたことを知っていたこともあって、ゼンメルワイスが死亡した年に、外科手術における「消毒法」を開発した。つまり、パスツールは病気の細菌説を唱えており、「細菌が体に入り込んで病気を引き起こす」と考えていた。後年、彼はリスターの「消毒法」の開発にも協力した。

細菌学の黎明期前後の年代的背景に合わせて、それぞれのアクターの活躍を眺めてみるとおもしろい。ゼンメルワイスの「手洗い」の説は医

学界になかなか受け入れられないどころか、迫害までされたのに、リスターの「消毒法」は逆に比較的スムーズに受諾された。二人の個性や時代なども違うものの、リスターが活躍した時代には、社会全体として「病気の病原説」を受け入れる素地がほぼ出来あがりつつあった。ほんのわずかな時代の差で、そして社会的な立ちまわりの差により、二人の間には大きな栄光の違いがあらわれた。

　ゼンメルワイスは1847年に「産褥熱」の原因を確定するという先駆的な事跡をなし、リスターは1867年に「消毒法」の論文を発表した。この20年の間に、つまり二人が別々にウイーンとロンドンで働いている間に、ルイ・パスツール（1822〜1895）が登場した。ゼンメルワイスは一人で闘ったのに対して、リスターはパスツールという巨人の業績を背景に自説を発展させた。

　パスツールは1852年に、「アルコール発酵」と「酢酸発酵」を分離し、発酵が微生物によるものであることを発見、1861年に「生命の自然発生説否定、微生物病原の概念」を提唱、1862年に「低温殺菌法」、そして1863年に「好気性と嫌気性の概念」を確立した。その間、リスターはパスツールの業績を背景に自分の理論を構築し、それを実践していった。そしてそれよりちょっと遅れて、ドイツのロベルト・コッホ（1843〜1910）は1876年に炭疽菌、1882年に結核菌、1883年にコレラ菌を分離した。それらの一連の成果から、パスツールとコッホの二人は「近代細菌学の開祖」と称される。そして新しいパラダイムの扉が開かれた。

　リスターはパスツールの細菌説を臨床（外科）の現場に導入し、人びとの称賛を得ることになったが、ゼンメルワイスはその新しいパラダイムの恩恵を受けることなく、孤独な闘いを余儀なくされた。その間、彼は人生の分水嶺、つまりウイーンに残るべきかハンガリー・ブダに帰郷すべきかどうかの瀬戸際にいた。しかしながら、ウイーンにとどまるというオプションは彼にはもう残っていなかった。彼はウイーンを追い出され、失意のうちに帰郷した。1870年代以降には、パスツールやコッホらによって細菌学の基本技法が開発され、細菌に対する消毒や滅菌が容易に行なわれるようになった。こうして、ようやくゼンメルワイスやリ

スターのまいた種が大きく開花した。

「消毒学の父」リスターの消毒法

　リスターは、ゼンメルワイスの死んだ1865年に、馬車にひかれて複雑骨折をした少年の治療に、世界で初めて「フェノール」を使用し、良好な成果を得たことは前述した。それは「消毒法」（防腐法）と呼ばれ、リスターは無菌外科手術の開拓者となった。この方法も、ゼンメルワイスの手洗いの手法と同様、外科領域でなかなか受け入れられなかった。医師は、自分自身が病気の感染源であることを認めたくなかったことも背景にあるだろう。

　前述した普仏戦争において、リスターの消毒法が取り入れられ、多くのドイツ軍負傷者が救われた一方、消毒法を採用しなかったがために、切断手術を受けた13,171人中10,006人（76%）が化膿により死亡したというデータもある。

　リスターはパスツールの病気の細菌論を外科の分野に応用するにあたって、パスツールと協力した。リスターは後年、自分が行なったのはパスツールの発見を理解し、それを外科手術に応用しただけだったと述べている。しかしながら、リスター以外にそのことを思いついた人はいなかったのだ。リスターはまた次のようにも述べている。後年、ゼンメルワイスの仕事を知るようになって、消毒法の真の創始者はゼンメルワイスであると主張し続けたといわれている。これも彼が真の科学者であり、紳士であったことを伺わせるエピソードの一つである。

　リスターは英国紳士でまわりの信望も厚く、1902年、時のイギリス国王エドワード7世の虫垂炎の手術にも指名されるほどであった。彼は1912年に肺炎で亡くなり、盛大な国民葬が行なわれ、ウェストミンスター寺院に埋葬された。

　リスターはパスツールの考え方を背景に、術後の敗血症の原因は医療行為にあることを確信し、「石炭酸」（フェノール）の水溶液によって患者の傷口や外科医や助手の手や手術機器などを洗浄し、必要に応じて手術をしている部分（術野）にフェノールを噴霧した。やがて後者は「噴

霧法」と呼ばれるようになった。

　彼は1860年からグラスゴー大学やエディンバラ大学で臨床外科の仕事についた。その間にこれらの地の敗血症などの治療にも貢献し、彼の業績がやっと社会に認知されるようになった時は、ゼンメルワイス没年からすでに10年が経過しようとしていた。

「手洗い」の方法と種類

　ゼンメルワイスからリスター、パスツール、コッホへと時代は移り、病気と細菌（病原微生物）の関係が明らかにされてきた。病原微生物が多くの病気の原因であることはもう自明の事実となった。

　感染防止のための"手洗い"は今では小学生でも常識になっているが、上述したように、その歴史は150年少し前に、ゼンメルワイスに始まった。一昨年（2015年）はいみじくも、彼の没年から150周年である。また、人の手には病気を起こす病原微生物が常在し、人の手はその"運び屋"でもあることも今では常識である。しかし、ゼンメルワイスの時代には病原微生物の概念がまだ確立されていなかったため、"手洗い"は医学界でもなかなか受け入れられなかった。そんな中でも、彼は手に付着した異物は洗い流すことができると考え、「手洗い」を推奨したのだった。

　彼が薦めた「手洗いの方法」は以下のようなものであった。

① 石けんで洗う。

② サラシ粉あるいはカルキを水に溶かした塩素水に手を浸し、ブラシで手の表面をこする。

③ 爪を短く切ってから爪の下をブラッシングする。

　ゼンメルワイスは学生たちにこの習慣を徹底するように固く命じた。

　現在では「手洗い」や「消毒」の概念および方法は複雑化しているものの、基本的には、彼が示したものと大きくは違わない。「手洗い」のレベルは汚れ・通過細菌および常在細菌との関係で説明され、それぞれ「日常的手洗い」「衛生的手洗い」および「手術時手洗い」と呼ばれる3種類に分けられる。

それぞれ説明すると① 食事の前後やトイレの後などの日常のケアに
おいて行なう石けんと流水を用いた手洗い（「日常的手洗い」）、② 患者
などの医療行為の前後に行なう消毒薬と流水またはアルコール擦式製剤
を用いた手洗い（「衛生的手洗い」）、そして③ 手術前に消毒薬と流水や
アルコール擦式製剤を組合せて厳重に行なう手洗い（「手術時手洗い」）
である。
「日常的手洗い」では日常の手の汚れを除去し、「衛生的手洗い」では
一時的に手に付着した微生物（通過細菌）までを洗い落とす。「手術時
手洗い」では手に住みついている常在菌まで少なくする。食品衛生業界
などでは常在菌まで除去するのではなく、外から付着した病原微生物を
物理的に洗い流し除去する「衛生的手洗い」が推奨されている。

　さて、多くの地域において、「流水で」手洗いするということは、言
うはやさしいが行なうはむずかしい。流水に簡単にアクセスできないと
ころ、あるいはできても安全性が保障されないところ、世界の水状況は
さまざまである。WHOによると、世界では2015年現在、地表水に依存
する1億590万人を含む6億630万人が安全でない水源に頼っており、さら
に少なくとも18億人が汚物（糞便）で汚染された水源を利用している。

　水が豊富な日本からは想像しがたいものであるが、世界の水状況は衛
生状況と同じように、健康に与える影響も非常に大きい。将来は「油
（オイル）」ではなく、「水資源」の取り合いが世界紛争の火種にもなり
かねない。

　一方で水のない中東の砂漠地帯では、「砂で手を洗う」ともいわれて
いる。日本の公園などの砂と違って、日中は太陽に照らされ常に紫外線
および加熱殺菌されていることから、その地域の砂は汚染された水より
もずっと清潔であるかもしれない。しかし、その予測を推測できる科学
的なデータは、私が知るかぎり存在しないが、バングラデシュでの研究
では砂と土で手を洗った後の「大腸菌数」は石けんのものと変わらなか
ったというデータがある。こうしたことを考えると疫学者は今後、灼熱
の太陽のもとでも十分に活躍できそうだ。

「手洗い」の現状と課題

　ジュネーブ大学付属病院は、ジュネーブ市やその近郊の住民に対して、一次医療から三次高度医療まで、そして入院病棟を提供している中核の公立病院である。手洗いの施設や消毒剤は病院の至るところに配置されており、WHOの院内感染対策協力センターでもある。その病院において、医師の手指衛生に関する興味深い調査が実施されているので紹介する（Pittetほか、Hand hygiene among physicians: Performance, beliefs, and perceptions, Annals of Internal Medicine 2004; 141:1-8）。

　病院には1,266人の医師が勤務しているが、調査期間中に参加した医師163人（男103人、女60人、84％が40歳未満）を対象に調査が実施された。結果は有意な差はないものの、男性に比べて（53.2％）、女性ほど（67.0％）手洗いを遵守（Adherence）する傾向が強かった。また年齢が若いほど、そして教授よりも医学生のほうが有意に手洗いを実施していた。さらに医師の専門よって手洗いの頻度に大きな差が認められ、麻酔医の遵守率は最低の23.3％、次いで低いのが外科医の36.4％であった。遵守率は内科医で最高の87.3％で、次いで高いのが小児科医（82.6％）、老年科医（71.2％）であった。仕事量が多い、あるいは二次汚染の機会が多い医師ほど手指衛生に対する遵守は低かった。また実際に調査で観察されていることを知っている医師は、知っていないグループに比べて手洗いをより遵守していた。

　85％の医師は、手指衛生を遵守しないことによる患者への感染のリスクについて知っており、77％が遵守しようと思っていると回答していた。また74％の医師がさらに改善したい旨の報告をしていた。いろいろな医療行為の前後において手指衛生に対する遵守意欲は高いが、手袋を外した後の手指衛生の割合は30％未満であった。さらに、回答者の65％は手指衛生に対する高い知識を持っている一方、それを常に実行するのはむずかしく、たった35％の回答者が手指衛生に関するガイドラインを知っていただけであった。

　いうまでもなく手指衛生に対して遵守する意図や医療行為後の手指衛

生に対するポジティブな態度を持ち、自分自身が他の職業のロールモデルであると信じている医師、かつ二次汚染に対する知識と認知が高い医師ほど、手指衛生を遵守することが明らかであった。

この調査はボランティアではなく、病院の代表的なサンプルであるので、その数字は病院の実情をかなり反映したものであると考えられる。またジュネーブ大学病院はWHOの院内感染対策協力センターとして、1995年以降、院内でも手指衛生に関する周知を徹底している。手指衛生に関する認知度が高いこの病院においても、その頻度が最適な状態とはいいがたい実態がこのデータからかいま見れる。

この研究は、先進国の一流の病院においてさえ、院内において手指衛生が徹底されておらず、改善する余地があることを示唆している。さらに、手指衛生に対する医師の遵守は仕事の種類やシステム、および個人の知識や認知的要因とも関連している。個人的なレベルでは、手指衛生に対するポジティブな態度や、各個人がそのグループの態度に影響を与えることができるという認識が、医師の手指衛生に対する遵守を高めることにつながる。医師の専門によって手指衛生に対する遵守が異なることも今後の課題改善を示唆するものであることを当該研究は示している。

グローバル化する院内感染

医療行為に関連した感染（Healthcare-associated infections：HAI）は、しばしば入院や通院に伴う副作用の一つで、患者に対する最大のリスクである。先進国では入院患者の5〜10％がそのような院内感染に感染していると予測されているが、途上国においてはそれ以上の負荷がかかっていると思われる。手洗いの徹底はそれらの感染予防にとって決定的に重要な意味をもつものの、医療従事者のたった40％だけが手洗いを徹底しているといわれている。

西アフリカ諸国における最近の「エボラ出血熱」の流行は、手指衛生の重要性を改めて浮き彫りにした。2015年12月20日現在、WHOによると全世界で28,637人の患者が発生し、そのうち11,315人が死亡した。患

者のほとんどが院内感染であるため、手指衛生の重要性がいっそう注目を集める契機になった。エボラ対策のための手指衛生に関するガイドラインでも、アルコールベースの手指消毒（ラビング法）あるいは石けんと流水による手洗いを推奨している。

　先進国でも、そして高度の最新式の医療器具をそろえた医療施設でも、医療関連の感染（HAI）からの危険がないとは断言できない。WHOでは「清潔なケアはより安全なケア」（2005〜2015年）プログラムにおける経験と実績の積み上げを基礎にして、グローバルな院内感染予防対策を担当する部門を立ち上げ、現在精力的に活動しており、エボラ流行はその活動をさらに拡大するきっかけにもなっている。さらにこのプログラムのもとで、「救命：あなたの手を清潔に」をテーマに、手指衛生に関する活動をグローバルに展開している。その一つが「手指衛生のための私の5つの機会」として、医療従事者が手指消毒を実施する貴重な瞬間を定義している。つまり、① 患者に触れる前に、② 洗浄・無菌措置の前に、③ 体液への曝露・危険の後に、④ 患者に触れた後に、⑤ 患者のまわりのものに触れた後に、である。いろいろなプログラムや活動の背景には、毎年世界中で数千万人の人が院内感染によって被害を受けているという事情がある。

　WHOでは、手が明らかに汚れていたり、体液やクロストリジウム・ディフィシレのような芽胞形成性の特殊な細菌で汚染されている場合を除いて、臨床現場において、条件がそろった場合には基本的にアルコールをもって手を洗うこと、を推奨している。WHOではこのように、手指衛生に関する世界の情報交換や学習の場としてClean Hands Netを提供している。

途上国のインパクト

　WHOの報告（Report on the burden of endemic health care-associated infection worldwide：2011）によると、高所得国の諸々の入院集団における年間院内感染率は7.6%で、ヨーロッパだけで年間454.4万件の院内感染が発生し、そのうち413.1万人の患者が何らかの影響を受けたと報告

されている。さらにアメリカでは、保健医療関連による感染症の発生率（2002年）は4.5％で、それは1,000人の患者日あたり9.3の感染に相当し、年間170万人が発生していると推定されている。

院内感染（HAI）に関する途上国のデータは非常に限られているが、その感染率は先進国のものよりはるかに高いと予測され、その有病率は平均で10.1％（5.7〜19.1％）で、質の良い研究からのデータほど感染率が高くなっている。また、外科治療における感染のことがよく調査されているが、100件の外科手術あたり平均11.8（1.2〜23.6）で、先進国の1.2〜5.2よりかなり高いことがわかる。院内感染のリスクはICU（集中治療部）において最も高く、ほぼ30％の患者が感染するともいわれ、先進国では患者が延べ1,000日入院すると、17人が感染すると推測される。一方で、途上国の低所得国および中所得国では、4.4％から88.9％の割合で感染し、患者が延べ1,000日入院すると、平均で42.7人が感染するとされる。ICUでの院内感染は侵襲的器具、特に中心カテーテルラインや導尿カテーテル、人工呼吸器の使用と関連している。

院内感染によって、入院の長期化や長期の身体障害、薬剤耐性菌の増加、医療に対する財政的負担増加、患者や家族の医療費負担の増加、および死亡の増加などが起こる。ヨーロッパだけで、1,600万日の入院日の増加と37,000人の死亡に関与していると推定され、直接的な医療費だけでも、70億ユーロ（約9,800億円）の支出があると積算されている。アメリカでは2002年だけで院内感染によって99,000人が死亡し、2004年には65億米国ドル（約7,800億円）の医療費がかかっていると報告されている。一方、途上国でのデータは非常に限られているが、院内感染のインパクトは先進国よりもずっと高いことが予測される。

いずれにしても、院内感染に関するグローバルなデータはきわめて限られているが、何百万人という患者が影響を受けており、途上国ほどそのインパクトが大きい。信頼性の高いグローバルなサーベイランスシステムおよびそれに関連した健康負荷のデータを定期的に収集するシステムの構築が喫緊の課題であるとWHOは警告している。

それらのシステムに基づいて、院内感染が起こっている要因を特定

し、予防対策につなげることが重要である。院内感染は予防可能な感染であり、それに関連した健康負荷でも50％以上軽減できるという報告もある。WHOは加盟国に対して、院内感染対策は患者の安全に最大限配慮した最優先課題であり、そのためのプログラムを効果的に展開すべきであると警告している。

　院内感染の予防には、通常時のサーベイランスが重要である。それは感染症対策を含む公衆衛生活動の成果は、本来通常の場合に、つまり危機が発生する前に、監視をいかに徹底し予防につなげるかどうかにかかっているからである。この忍耐のいるルーティンの仕事こそ大事であるが、このようなリスク管理は忍耐のいるものの、一見、見返りの少ないものである。管理がうまくいっている間は当然のことと見なされ、あまり感謝されないが、災害が発生するとリスク管理が十分でなかったと批判される。これは"リスク管理のパラドックス"とも呼ばれる。

　また日本人は、何が起こるかわからない不確かな未来に対して先手を打つような「リスク管理」に対しては関心が薄く、事が起こってしまったら、急速に事態の収拾を図ろうとする「危機管理」に関しては関心が高くなる傾向があるということも知っておく必要があるだろう。

注目されるエンパワーメント

「根拠に基づく医学」（EBM）において、病いの物語を認識し、吸収し、解釈し、それに心動かされて行動する医療従事者の物語能力に加え、健康に対する患者の考えや向き合い方などが重要であるように、医療従事者の手指衛生の管理・実践・評価においても、患者は大いに貢献できることが知られている。

　つまり、患者が自分の医療に積極的に関与し、意見し、自分の医療全体の意思決定に参加しようという動きである。これは医療行為に対する「意思決定」にかかる患者の参加と呼ばれる。そのプロセスが充実すればするほど、ヘルスケア全体の透明性が高まり、医療の質がますます充実していくことが期待される。また、患者の参加がヘルスケアの領域において文化として定着すれば、いろいろな分野における住民参加にもポ

ジティブな影響を与えることが考えられる。

　消極的参加では持続可能性が低いので、積極的参加にするためには、患者も社会もそれなりの力をつけ、全体として底上げしなければならない。つまり患者や地域のエンパワーメント（Empowerment）を推進することが必要である。「エンパワーメント」とは、自分だけでなく、仲間や組織・地域の人びとに夢や希望を与え、勇気づけ、それぞれの構成員が本来もっているすばらしい、生きる力を湧き出させることである。エンパワーメント（湧活）の言葉は、1995年に北京で開かれた第4回世界女性会議以降、女性の権利獲得運動のなかで広く使われるようになり、現在ではその対象が拡大している。

　組織・地域を湧活（Community empowerment）するのに比べ、患者の「湧活」（Patient empowerment）はヘルスケアにおいてより新しい概念であるが、その考え方は最近では"患者の安全性"の領域にも拡大されつつある。医療事故に対する患者側の認識や患者自身による医療への関心の高まりなどがその傾向を推し進めていると考えられる。

　エンパワーメントするためには、

　①患者自身が自分の役割をよく理解すること、

　②医療従事者と対応できるだけの知識を患者が身につけること、

　③患者のスキルの向上、

　④それを可能にし、促進できる環境が整っていること、

　が必要である。

　すなわち、患者がヘルスケアにおける手指衛生に効率的に関与するためには患者自身が自分の役割を理解し、ヘルスケアの人たちと対応できるだけの知識とスキルを習得し、かつそのプロセスを支える環境を整えることが求められる。

　医療従事者と患者の関係はここ数十年の間に大きく変化してきているものの、その変化はどこでも同じように起きているわけではない。習慣や文化、宗教などの影響もあって、その変化の程度は地域によって大きく異なっている。本来、パターナリズム（家父長主義あるいは父権主義）などが強い日本では現在でも、弱い立場の患者が強い立場にいる医

療従事者に対しては意見を述べることは必ずしも容易なことではない。

　実際、医療父権主義（医療パターナリズム）あるいは「温情主義」という言葉もあるほどである。すなわち、専門的知識のある医療従事者側が、患者の最善の利益の決定の権利と責任をもっており、すべての判断を医療従事者に委ねればよいという考え方が日本で今でもないわけではない。しかしながら、徐々にではあるが、両者の意識革命はよい方向に進んでいて、明るい陽が射してきている。

　また、患者自身が院内感染を直接経験したかどうかによっても、それに対する患者の関わり方が違う。院内感染を直接経験した患者はそうでない患者に比べて10倍近くも、医療従事者に対して直接に手洗いを促すというデータもある。

必要な行動変容能力

　そのような環境で、上で述べた4つの条件を患者だけに負わせるのは酷なことである。患者自身が自分のコミュニケーション能力やスキル、そして健康を維持するのに必要な情報を取得し使いこなす能力（健康リテラシー：Health literacy）を高めることは重要であるが、自分だけでそれを達成することはむずかしい。それは両者が歩み寄って初めて達成できるものである。

　そのためにはその過程を支えるまわりの環境（イネィブリング・エンバイロンメント）を構築し、患者と医療従事者の両者のコラボレーションを促進する機構が不可欠である。こうした考えは、住民や個人の参加、およびエンパワーメントの考え方に加え、ヘルス・プロモーションでよく使われている概念である。それは病院の環境といってもよいし、もっと広い意味では地域の文化と捉えることもできる。それを可能にするかどうかはその文化レベル次第であるが、その文化も、健康的な政策にのっとり、社会投資によって育まれるもので、放っておいても自然にできる代物ではない。まして個人の責任で達成できるものではない。

　すなわち、患者個人や一つの社会だけでそのまわりの環境を変えることは非常にむずかしいし、まして一人の患者が他の患者の環境を構築す

ることはできない。よって、患者と医療従事者が協働し、社会全体として投資することによって、個人や社会が活躍できるような環境が整備されるのである。

イネィブリング（Enabling）とは「能力付与」、つまり個人や地域の向上やエンパワーメントを通じて、すべての人びとがもっている潜在的な可能性を達成できるようにすることである。ヘルス・プロモーションでは、「健康を増進し守るために、人的・物的資源を活用することによって、個人や集団が協働してそれぞれの力をつけること」とされる。また地域のイネィブリング（Community enabling）は、地域およびそこの住民をエンパワーメントすることであり、住民参加の促進やさまざまな地域活動などを通じて実現可能であろう。そして、能力を付与するためには、それが展開・評価できる政策（健康的な政策）、すなわち政策環境およびそれを支える地域文化がなければならない。

"手洗い"を励行し促進するためには、個人（患者や医療関係者）はもちろんその集団・地域全体のエンパワーメント、つまり個人・仲間・地域の3者に行動変容に対する能力を付与することが不可欠であり、それを積極的に支援できる環境（人的・物理的・政策的など）が整わなければならない。

手洗いという健康行動の変容に有効で、院内感染予防にも貢献するとWHOも薦めているものの一つに、1990年代からいろいろな領域に広がりつつある「ポジティブ・ディビアンス・アプローチ」（一燈照隅の手法、つまり一隅を照らす人たちの手法）がある。

一隅を照らす人びと

世の中には、他の隣人たちと同じような問題や困難を抱えている貧しい環境にいるにもかかわらず、そこに存在するむずかしい課題を上手に解決し、克服している個人やグループがいるものである。これらの個人やグループの人たちは、隣人たちよりも多くの資源を持っているわけでもないが、隣人とは違った行動ややり方で自分のまわりの地域が抱える諸問題を克服している。その特殊な行動ややり方に着目し、それを検

証し評価して、それらを地域内の他の人たちに普及させ、その結果を評価の対象にしようというのが「ポジティブ・ディビアンス」（Positive deviance：PD）の考え方である。

そのような人たちは「ポジティブ・デビアント」（Positive deviants）と呼ばれる。それは、「片隅の成功者」や「異端の成功者」「良い意味での墜落者」「良い墜落者」「良い逸脱者」などと訳されている。また「ポジデビ」の略語も提案されている。

いずれにしても、「片隅」「異端」「墜落」「逸脱」など、本来光が当たるべき人たちが社会の反逆者でもあるかのようなレッテルを張られているようで、私にはどうしてもなじめない。その前に「ポジティブ」をつけても、もう逸脱者の域を出ることはむずかしい。

それは主流にいる人たちが支流にいる人たちに対する偏見ではないか、と勘ぐりたくなる。180度視点を変えて、すなわち支流から本流を、あるいは少数派から多数派をながめると、後者の人たちが異端であり、その人たちの行動こそが逸脱しているように見えるかもしれない。ものごとは両面から見る必要がある。またそれ以上に大切なことは、その二つを包み込む包括的な三つの目の視点かもしれない。

一方で、これらの人たちは、特定分野における驚異的な能力を持った神童でもなく、ごく一般の「ふつう」の人たちである。でも他の人たちとちょっと違った方法で課題を解決している。これらの人たちは、厳しい環境の中にいて（本人たちはそう思っていないかもしれないが）、与えられた環境に適応できることを学んで、すなわち才を得て、自分たちで自分たちの課題を解決しているのであろう。貧しいがゆえに、ふつうでないことをしているのかもしれない。

そして、そこに一燈の光を灯して、一隅を照らしているのである。よってこの人たちは、一燈照隅の人たちだ。どんな貧しいコミュニティにも数は少ないかもしれないが、灯火をともす人やグループはいる。それらの人たちは何らかのやりくりや工夫をして、社会に適応する力を身につけ、直面している課題を克服している。そこに人間のすばらしい多様性と強靭な適応力を垣間見ることができる。またそこには、どんな地域

にも田舎にも一隅を照らす蛍がかならず存在するかもしれない、という希望がある。逆境に耐えて一隅を照らしている人たちの存在は、人間たるに必要な教育を万人がひとしく受ける基礎を備えることの重要性を改めて感じさせる。

「一燈照隅萬燈照国」には、教育を通じて基本的に地域の底上げを行なうことが不可欠であろう。地域に根ざした地域の人々による、持続可能な行動変容（介入）を通じて萬燈照国——。

「一燈照隅萬燈照国」の言葉は、日本天台宗の開祖である伝教大師（最澄、767-822）の言葉であることを付記する。最澄（さいちょう）はその名のとおり、もっとも澄める人であった。彼は仏教の大道を淡々と歩み続け、日本人に仏教の真実の教えを伝えた。「彼が伝えてくれた教えの灯は今も彼が開いた比叡の山に赫々と燃え続けている」。

「一隅を照らさば、これ即ち国の宝なり」（社会の中において、社会の一隅を照らすならばこの人こそどんな宝にも勝る国の宝である）は「山家学生式」の中にある最澄の言葉である。

成功のための4Ds1M法

そこで、ポジティブ・ディビアンス（PD）では本来、一隅を照らしている人たち（Who）が関心の的ではなく、不適な社会環境の中にいても、その人たちが問題解決のために行なっている方法あるいは工夫、仕掛けなど（How）に注目が集まるのは当然のことである。

一燈照隅は、萬燈照国に広がる。「一灯は二灯となり三灯となり、いつしか万灯となって国をほのかに照らすようになる」。つまり、一つの灯火を揚げて一隅を照らし、二燈が二隅を照らし、三燈になり、萬燈に

最澄（さいちょう、767-822）
平安時代の僧。日本の天台宗の開祖。現在の滋賀県生まれ。中国に渡って仏教を学び、帰国後、比叡山延暦寺を建てて天台宗の開祖となった。出典：https://ja.wikipedia.org/wiki/最澄

なれば、国全体も照らすことにつながる。転じて、「まず自分から始めなければいけない」「一人一人が自分の役割を懸命に果たすことが、組織全体にとってもっとも貴重である」という意味などにもなるが、一つの灯火を揚げて一隅を照らす人は、まさにポジティブ・デビアントではないか。よって僭越ながら、私はポジティブ・デビアントを「一隅を照らす人」、そしてポジティブ・ディビアンスを「一隅を照らす人たちの手法（アプローチ）」と呼ぶことにする。それらの呼称には当然ポジティブな意味合いも含まれる。

地域において、

① 問題とする望ましい状態を特定し（Define）、

② その中で「一隅を照らす人」の存在を決定し（Determine）、

③ その人たちの成功の秘訣、つまりそのやりくりや工夫を発見し（Discover）、

④ さらに地域の別の隅を照らす個人やグループを広げる方法をデザインして（Design）、

⑤ その持続可能な展開をモニターする（Monitor）。

この5つのステップを簡単に「4Ds1M法」と呼ぼう。

この5つのステップを成功裏に終えた結果として、「一燈照隅・萬燈照国」となる。一隅を照らしていた人たちの工夫が、自分たちの努力を通して、地域全体に持続可能的にそして徐々に複製されていくのである。

それはまさにポジティブ・ディビアンスのやり方ではないか。この考え方では上で述べたように、一隅を照らしていた人たちに焦点を当てるのではなく、その人たちが使っている「一つの灯火」（「やりかた」や「工夫」など）に関心が集まる。つまり"Who"ではなく、"How"に焦点を当てて、持続可能なプログラムをボトムアップの手法で展開しようというものである。そのプログラムのオーナーは、他の地域からの専門家でなく、その地域内部の人たちである。

持続可能な3つの戦略

「一隅を照らす人たちの手法」は、「これまであまり気にしていなかっ

た地域にある資源を活用し、すでに存在する解決方法を見つけてくるので、結果として行動の変容や社会の変化といったものが長続きする、いわゆる『持続可能な』もの」になるという特徴がある。

　ものごとの解決法を知っているのは外部の専門家ではなく、地域を良く知っている自分たちの地域の中にいて、その人は解決方法を見つけ出してくれる道案内人の役割を担うのである。これは「新しい行動の仕方を見つけるために考えることよりも、新しい考えを見つけるためには行動するほうがやさしい」という考えに基づいている。

「一隅を照らす人たちの手法」を患者の手指衛生と患者のエンパワーメントに適用するためには次の3つの戦略、

　① 社会的流動化、

　② 情報収集、

　③ 行動変容

が関与するといわれている。すなわち、

　① 社会的流動化とは、地域社会のリソースを有効的に循環することによって、医療従事者がその現場における問題の所在ならびに地域住民のコンプライアンス（遵守率）を高めるための解決策を特定する機会となる。地域社会の中にある固有の財産（人的、財的、文化的、生態的）などが世代を越えて流動化することが、選択肢の自由度を広げ、社会における機会の平等をより担保するというものである。地域の問題に大変な興味をもっている人たちが結集することによって、その流動化がさらに促進される。その人たちの能力や知恵、経験などを地域社会の問題解決に有効的に活用し、つまり流動化を促進して、地域の活性化にも活かそうというものだ。

　それはプロジェクトのサクセスストーリー（成功物語）というのとは違い、地域において成功しているかどうかの評価も受けていない、ふつうあるいは通常の人たちの得意な行動や活動などが、結果として地域に秀でた結果を伴っているということをきめ細かに分析し評価して、“一般化”できないかどうかを草の根の視点で問うものである。つまり、成功物語として、まだストーリー化できていないものを地域に内在する潜

在能力を活かして、内的に具現化しようという試みである。そのプロセスを通じて、よりエコ・フレンドリーな、持続可能性の高い、そして地域文化に根差した解決策が生まれることが期待される。それに基づいたプロジェクトは地元主導型であり、長期にわたって持続的に維持管理できるシステムを構築できる可能性が高い。

② そして、これらの人たちやその行動パターンなどから関連する情報を丁寧に収集するという手続きが不可欠である（情報収集）。そこでは社会学的手法に加え、疫学も大いに貢献できる。

③ 続いて、個人の、あるいは地域住民全体の行動変容にこれらの情報をいかに活用するかということである。これまで培われてきている「ヘルス・プロモーション」のノウハウを駆使して、患者や医療従事者、地域住民の健康行動変容に関する実践をすることになる。

これらのプロセスは「地産地“消”」から「地産地“生”」へ、地域をポジティブに生かすものに活用しようという考えにも通じる。地域の人たち（Positive deviants）を生かして、地域で産まれたもの“How”を地元風にアレンジして最大限活用し、上述した「4Ds1M」の5つのステップを経て、地域を創出しようというものだ。

この「一隅を照らす人たちの手法」（PD）は一見、「手洗い」の話題とは遠いように思われるが、院内感染の流行がなかなか沈静化できない現状では、新しい概念や実践を導入することは必要と考える。それはもともと子どもの栄養不良対策に導入されたが、現在では、新生児ケアやMRSA耐性菌の院内感染対策のような、さまざまなヘルスケア・プログラムにも応用されている。よって、以下にいくつかの事例を紹介し、院内感染予防対策に対するヒントにしたい。

手指衛生の観察実験

ジュネーブ大学病院における手洗いのデータを見てもわかるとおり、ヨーロッパの最高級の大学病院においてすら、手指衛生の遵守率（コンプライアンス）は低い。これは、手指衛生が院内感染予防にもっとも効果的であると見なされているにもかかわらずである。手指衛生の遵守率

を上げるための介入方法に関するしっかりとしたデータは少ないし、その遵守率を上げることによって、院内感染がどれだけ予防できたかという情報もほとんどない。

　このような背景において、ブラジル・サンパウロの民間の3次病院、アルバート・アインシュタイン病院において、ポジティブ・ディビアンス（PD）、つまり「一隅を照らす人たちの手法」を用いて、その医療従事者の手指衛生遵守の持続的向上が可能かどうかの観察実験が行なわれた。20床ある2つの回復室（Step-down unit: SDU）を対象に9か月間、アルコールジェル用電子手洗いカウンターを用いて病室における手洗い実施回数を測定するとともに、院内感染率を調査した。東棟SDUを介入群、西棟SDUを対照群として観察を行なった。両棟において、最初の3か月（2008年4月〜6月：フェーズⅠ）はベースライン調査、次の3か月（2008年7月〜9月；フェーズⅡ）は東棟SDUでPDによる介入、西棟SDUを対照（コントロール）としてPDの介入を行なわなかった。フェーズⅢ（2008年10月〜12月）では、フェーズⅡにおいてPDの効果が明らかであったので、両病棟においてPDを導入した。すなわち、東棟SDUは介入群、西棟SDUは対照群として、**表1**のようにPDを実施した。

　西棟SDUは対照群であるので、観察期間中、介入しないのが原則であるが、フェーズⅡでの観察結果からPDの効果が明らかであったので、フェーズⅢでは西棟SDUにおいても東棟SDU同様、PDが導入された。この方法によって、その効果が明らかであることが改めて再現できた。

　手指衛生に対するPDは基本的に、医療従事者が知っていることが医療現場において実際に実施されているかどうかを確認することである。そのアプローチでは、現場の医療従事者は全員、患者を看護する時に手洗いをする機会が非常に多いことを念頭に、患者や環境において接触するすべての機会および場所において、手洗いの遵守を促進することに焦点を当てた。

「一隅を照らす人」の誇り

　医療従事者は手指衛生遵守を向上するのに"職場で何をしなければな

らないか"を熟知している現場の専門家でもある。つまり彼らは、白衣や手袋を適切に取り換え、入念に手を洗い、治療の手順を常に監視するなど、院内感染を防ぐ方法を理解しているが、ゼンメルワイスのウイーンの病棟でもそうであったように、強制された習慣やトップダウンの命令はうまく機能しないばかりか、反発を招く可能性もある。また定められた正しい方法を知っていても、すべての医療従事者がそれに正しく従っているとは限らない。知識と行動は必ずしも一致しないのがほとんどである。

東棟および西棟SDUにおいて、ケアに関わるすべての医療従事者（医師や看護師など）を対象に、PDに関する会議を月2回実施し、手指衛生に関する感想を述べたり、改善方法について論議したり、また良い事例の挙げ方について話し合った。さらに介入群に配置された医療従事者に対して、月ごとの院内感染率を提示した。

これを受けて、PDのプロセスは、

① 医療従事者間で経験を交換すること、

② 手指衛生の実践を向上する仕方を示すこと、

③ 病棟において手指衛生を実践するもっとも良い方法について話し合うことであった。

このプロセスでもっとも大切なことは、関係している医療従事者全員に平等な発言権が与えられていることである。現存する医療パターナリズムの中において、これは必ずしも容易なことではない。

そしてPDを投入後、2人のSDU看護師マネージャーが「一隅を照らす人：一燈照隅者＝Positive deviants」を特定し、さらに数週後に他の一燈照隅者を見つけ出した。これらの熱心な一燈照隅者は、手指衛生を改善するための新しいアイディアを開発し、アルコールジェル製品を使うように医師を含めた他の医療従事者を鼓舞した。一燈照隅者は勤務中に手指衛生に対する同僚の行動を評価するということを自発的に行なった。さらに、PD会議中に映写されるビデオの編集なども行なった。

一隅を照らす人に指名されることは彼らにとって大きな"誇り"であった。誇りは行動のエネルギーである。「類は友を呼ぶ」ように、同僚は

第2部　第1章　グローバル化時代の手洗い　　169

進んで仲間を集い教育し、新しい習慣（PD）が病棟の枠組みに融合された。

院内感染の減少化

　ブラジル・サンパウロのアルバート・アインシュタイン病院での9か月における介入（PD）の成果は以下のとおりであった。

　表1と**図1**および**図2**からわかるように、両病棟においてベースライン期間中のアルコールジェル使用量には差がなかったが、3か月後の介入（PD）の後では、その使用量に約2倍の差（62,000/33,570）が見られた。次の3か月の介入期間にもその効果（57,930）は維持されていた（**図1**）。さらに、院内感染発生量についてみると、介入群（東棟SDU）ではベースライン9.4から3か月後には6.5（約31％減）、最終の3か月には7.3（約22％減）であった（**図2**）。

　実際、このように観察された「一隅を照らす人たちの手法」（PD）の効果が持続可能かどうかは不安が残るところである。詳細は原著（『Am J Infect Control』2011; 39:1-5）に譲るが、同じ著者らは、その介入をさらに1年延ばしてその効果をモニターしている。PD導入前に比べて両病棟において、2009年の後半にはアルコールジェル使用量が2～4倍に増えていた。また院内感染発生量においては東棟SDUで16.2から11.0/1,000人日（約32％減）へ、西棟SDUでは15.1から10.3/1,000人日（約32％減）へ減少していた。さらに医療機器関連感染も東棟で5.8→2.8（約52％減）、西棟では3.7→1.7（約54％減）であった。医療機器関連感染では特に「肺炎」への効果が顕著であった。

実証された「手洗い」の効果

　ゼンメルワイスやリスターがおおよそ150年前に開発した「手洗い」と「消毒法」は、使っている消毒剤の種類は異なるものの、現在の消毒法とあまり変わらない。

　さて、「学校給食調理場における手洗いマニュアル（文部科学省）」によると、学校給食調理施設では衛生的手洗いを推奨し、指先（爪）の部

表1「一隅を照らす人たちの方法」(PD) を用いた手指衛生遵守向上に関する実験
—ブラジル・サンパウロのアルバート・アインシュタイン病院での試みから—

	ベースライン フェーズI (2008年4−6月)		P値	介入 (PD) フェーズII (2008年7−9月)		P値	介入 (PD) フェーズIII (2008年10−12月)		P値
	東棟 SDU (介入群)	西棟 SDU (対照群)		東棟 SDU (介入群)	西棟 SDU (対照群)		東棟 SDU (介入群)	西棟 SDU (対照群)	
介入 (PD) の有無	無	無		有	無		有	有	
アウトカム 1000人(患者)・日当りのアルコールジェル使用分割量	46,890	44,460	0.75	62,000	33,570	<0.01	57,930	43,890	0.16
院内感染発生量(対1000患者日)	9.4	8.9	0.60	6.5	12.7	0.04	7.3	5.4	0.81

出典: Marra, AR, et a. Infect Contol Hosp Epidemiol 2010; 12-20

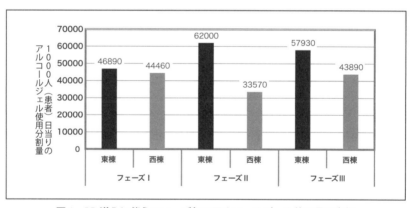

図1 PD導入に伴うフェーズ毎のアルコールジェル使用量の変化

分に注目して手洗いを行なう必要があるとしている。それは常在細菌を含む手指細菌の80〜90%以上が爪の間に存在しているからである。ペーパータオルで拭き取ることにより付着微生物を少なくすることができ、手洗いには石けん液が適している。

また、爪の間の汚染菌の消毒にはアルコールが有効である。手洗い石けんや手指消毒剤に比べ、アルコールのほうが爪の部分や指先の消毒に

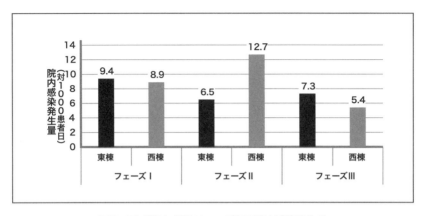

図2　PD導入に伴うフェーズ毎の院内感染発生量
出典：Marra, AR, et a. Infect Contol Hosp Epidemiol 2010; 12-20

はより効果的であるという科学的な根拠が提示されている。さらに、時間をかけて1回手洗いより、短時間でも2回の手洗いをするほうがより有効である。

　手術室での消毒、「手術時手洗い」は、手術前に消毒薬と流水やアルコール擦式製剤を組合せて常在細菌までも減少させる厳密な手洗いである。いくつかの種類があるが、ブラッシングによる皮膚損傷が感染のリスクを増大させる可能性が懸念されるため、衛生的な手洗いを行なった後にアルコール擦式製剤のみで消毒を行なう方法（ラビング法またはウォーターレス法）が近年主流になりつつある。

　現在ではいろいろな手洗いの手技の効能よりも、手洗い行動そのものがより重大であると指摘されていることについては後述する。そして、病院内の安全対策のシステムを含む環境的な問題に加え、消毒に対する医療従事者の認知態度や認知行動などに大きな注目が集まっている。その点も、ゼンメルワイスが病棟に"手洗い"を導入しようとした時の状況によく似ている。当時でも、手洗いの効能よりもそれを一貫して遵守（Adherence）するかどうかが大きな課題であった。技術そのものは格段に進歩しても、人間の認知行動は150年前と同じではないにしても、そ

う大きな違いはない。そのため行動科学や社会心理学などを包含した社会疫学的なアプローチが人間の行動変容の領域においても有効な手段となりえるであろう。

さらに、効果的なワクチンがどこでも十分に活用できるわけではないし、薬剤耐性菌の出現の可能性が多々懸念されているような現状においては、薬剤によらない病気の予防方法を確立することが必要とされる。よって、一次予防としてのフェイス・マスクや手指衛生の重要性がますます高まり、その評価にも疫学的手法が十分に役立つであろう。

最後に、「WHOのヘルスケアにおける手指衛生に関するガイドライン（WHO Guidelines on Hand Hygiene in Health Care）」（2009年）を紹介する。それは260ページ以上にわたる膨大なガイドラインで、医療施設における手指衛生に関する手法などが具体的に記述されており、文献的な価値も高い。

院内感染—これからの課題

手指衛生に関する研究論文は昨今、数多く発表されている。しかし、WHOが推薦する手指衛生指針に対して、医療従事者の遵守を向上させるための戦略や、それに伴う用品・機材・製品などについてはまだ解決しなければならない問題が多く残る。そこで、前述したWHOのガイドラインではTable I.24.1「手指衛生に関する研究課題」およびTable I.24.2「手指衛生に関する研究およびフィールド実験のための未解決課題」の二つの領域に研究課題を概説している。詳細はガイドラインを参照してほしい。

ゼンメルワイス以降少なくとも150年以上にわたる手洗いの歴史があるものの、基礎研究からフィールド研究まで未だもって多くの課題が山積しているという現実に、私たちは真摯に向き合う必要がある。

上記のガイドラインでは、「手指衛生に関する研究課題」の領域として、

① 教育と広報、

② 手指衛生のための製品、手法、およびハンドケアの薬品、適用、

および選択方法、

③ 実験室主体および疫学的な研究と開発、

④ システム開発、

があげられている。

その中でも、疫学の研究課題に限定して、**ボックス1**にいくつか列記した。たとえば、

① 手指衛生の薬剤の有効性を検証するための実施計画書の開発・評価、

② 手袋着用前の手指衛生の感染予防効果、

③ 手指衛生モニタリング法の比較、

④ 石けん汚染がもたらす影響、

⑤ すすぎに伴う再汚染の頻度および術時院内感染の影響、

⑥ ノロウイルスのような病原菌伝播予防にあたってのハンドラブや手洗いの効果評価、

⑦ ヒトノロウイルスに対するサロゲートウイルスの特定、

⑧ 諸々の疫学研究のためのサンプルサイズの概算、

など、さまざまな研究課題が列記されている。地味な研究であるが、手洗いや手指衛生向上ならびに院内感染予防などに不可欠なものである。さらに、

① ヘルスケアにおける水質とその供給、

② 石けん、

③ 手指乾燥、

④ 製品・薬品の抗細菌作用、

⑤ 手袋の使用、

⑥ 手術時の手指消毒、

⑦手指衛生の向上、

が、「手指衛生に関する研究およびフィールド実験のための未解決課題」として提案されている。基礎実験から疫学研究、フィールド実験まで、まだまだ解決すべき多くの課題が残されている。

院内感染と「疫学」の役割

　院内感染は現在でも、先進国あるいは途上国を問わず、世界的に大きな、公衆衛生学的な課題であることは上に述べた。その予防対策のために、疫学は十分な役割を果たすことが期待される。

　ヘルスケア関連の感染症（HAI）、つまり院内感染の対策管理において重要なことは、そのための専門家を配置することである。感染症の発生と予防、対策および疫学に精通した専門家の役割は、院内感染対策の戦略には欠かせないものの一つである。そのような専門家は、「院内感染疫学者」（Nosocomial epidemiologist）や「ヘルスケア疫学者」（Healthcare epidemiologist）、「病院疫学者」（Hospital epidemiologist）などと呼ばれることもあり、その重要性および需要は近年ますます高まっている。

　その活躍範囲は、院内の感染状況の把握、つまりサーベイランスシステムの構築とサーベイランスの実施、病院内や術野での手指衛生の徹底などに対する関連スタッフの教育・トレーニング、さらに全体の危機管理を統括することも業務内で、その範囲は広い。また、もし院内で感染が発生（流行した）場合に、その疫学者には、感染源を確定することから予防対策の実施までの一連の調査・作業、報告、今後の対策と改善まで重要な任務が任される。さらに手指衛生やマスクなどの感染予防効果の研究およびそれに基づいた安全管理対策の確立など、さまざまな分野・領域で疫学的手法を用いて院内感染予防対策、すなわち患者や医療従事者の安全にも「ヘルスケア疫学者」は大きく貢献することができる。

　疫学の手法の詳細は紙面の関係でここでは述べないが、サーベイランスなどの記述疫学から、感染源特定のための患者対照研究、アルコールなどの手指消毒の感染予防効果の判定などの介入研究、感染菌や薬剤耐性菌の遺伝タイピングの手法を用いた分子疫学的アプローチなど、さまざまな疫学的手法がこのヘルスケア関連の感染症の対策に応用することができる。

その他役割として、ヘルスケアの安全性、つまり患者の安全看護の観点から、院内感染対策では「看護師」が重要な役割を果たすことが予想される。疫学的知識があるかないかでは、患者個人のケアの質にも影響を及ぼすであろう。本来、疫学が対象とする集団のケア、すなわち上記のような疫学的手法を用いた調査・研究・業務においても、看護師の果たす役割はきわめて大きいといえる。

アメリカやヨーロッパでは、Nurse epidemiologist＝看護疫学者、すなわち看護学と疫学に精通した看護師が特に病院での院内感染対策を含む病院の医療安全管理において大きく貢献している。疫学特に臨床疫学の看護への応用として、院内感染対策における看護師の役割は今後より重要になってくることが予想できる。実際、欧米では看護疫学者の需要がきわめて高い。日本でも「看護疫学」が確立し、看護疫学者が大勢育つことを期待したい。その人たちが医療現場で活躍するころには、病院の安全性は今よりもずっと高められているであろう。

そして、今後のヘルスケア感染症対策において、「いくつかの感染は予防できるが、ほとんどの感染は避けられないものである」という従来の考えから、「それぞれの感染は予防できないと証明されないかぎり、潜在的に予防可能である」という新しい考えに変化することを期待したい。

第2章
「疫学」とは何か

疫学の先駆者たち

　現代疫学の歴史をグローバルにたどると、医学の他分野と同様に、ヒポクラテス（紀元前460年ごろ～紀元前370年ごろ）まで遡り、彼は「疫学の祖」とも呼ばれる。

　またイギリス・ロンドンの雑貨小間物商人ジョン・グラントは1662年に、著書『死亡表に関する自然的および政治的諸観察』（Natural and Political Observations made upon the Bills of Mortality）を表し、当時教会が毎週発表していた埋葬届に基づく死亡表や出生記録を10年ごとに分析して、人間の出生、死亡に統計的規則性が存在することを提示した。彼は人口動態に関する大量のデータを分析し、法則性を見いだしていった。

　そして人口の推定や生命表などを初めて作成し、生物統計学や人口統計学の創始者とも評される。さらに、彼が扱ったデータは死亡や出生などの人口動態関連の資料であったので、「疫学の基礎」を築いた人であ

ジョン・グラント　John Graunt, 1620-1674
イギリス・ロンドン生まれの人口学者の一人（職業は雑貨小間物商人）。公衆衛生に関する統計（年齢別死亡率や生命表など）を扱ったので、初期の頃の疫学者の一人とも見なされている。出典：http://www.goodreads.com/author/show/1004775.John_Graunt

るともいわれている。

　グラントは雑貨小間物屋の長男で、父のあとを継いだ商人であった。その小間物屋がロンドンの大火事で焼けて倒産したことに加え、ローマ・カトリックに転向したことに対する彼への偏見でさらに貧窮し、失意のうちに44歳の若さで亡くなった。

　グラント後、約300年間は疫学に関する新しい時代を創る画期的な出来事（歴史的なエポック）は起きていない。疫学が体系的な学問として定着するのは19世紀に入ってからで、たった150年前の話である。

　その後イギリスのウィリアム・ファーが、ロンドンの死亡データから人口動態統計を確立し、現在では「医療統計学の祖」の一人と評されているだけでなく、20世紀の疫学の基盤を築いた。ファーはフランスとスイスに留学し、1831年に帰国後、しばらく開業医をしていたが、1839年にできたばかりのイングランド・ウェールズ（ロンドン）統計局に「就職」し、人口動態統計による公衆衛生に関する実務を約40年間にわたり担当した。その間にイングランド・ウェールズにおける死亡や出生、結婚などの、今でいう人口動態に関する資料を収集・解析するシステムを確立した。

　またファーは、1849年にロンドンで15,000人以上の人が死亡したといわれるコレラの大流行の対応にも追われた。彼は、コレラは水ではなく"大気汚染"が原因であるという当時の学説、瘴気論（ミアズマ説）を信じていた。そして、彼は前述のジョン・スノーの仕事を誘導することになった。スノーはファーのデータを使って、井戸とコレラの流行が関連していることも示し、コレラ流行に関わる上水道の役割を明らかにした。さらにスノーは、ファーの死亡データを活用して、ロンドンのブロードストリートのコレ

ジョン・グラントの人口統計の始源的著作である『死亡表に関する自然的および政治的諸観察』"Natural and Political Observations made upon the Bills of Mortality"（1662年刊）の表紙。計量的手段を初めて疫学・生物学・医学に取り入れた。出典：https://en.wikipedia.org/wiki/John_Graunt

ラ流行を調査し、その対策に貢献した。その業績で彼は「疫学の父」と評され、そこから現代疫学が飛躍的に進歩してきたことは歴史的によく知られている。ゼンメルワイスもその礎を築いた一人であり、私たちは彼の業績から多くの現代的な意義を学びとることができる。

疫学の主題

「疫学」とは、一般的に人間集団における健康事象を社会経済、環境、遺伝など、およびその相互関係の面から多角的にかつ包括的に考察し、その結果を対策やヘルスプロモーションなどの政策決定につなげる学問である。

　疫学は、集団に起こる現象、そして集団間に発生する事象を総合的に研究する。研究の対象は人間だけではなく、家畜や動物、そしてそのネットワーキングに起こる事件、たとえばインフルエンザやエボラなどのパンデミックの研究や対策にも疫学的手法が大活躍している。これらのパンデミックは、One Healthの概念（人間の健康は動物の健康や環境などと強く関係しているので、医学・獣医学・生態学などの関係者が協力して公衆衛生のリスクに対して速やかに対応しようという概念）が再認識されるきっかけとなっている。

　さらに、疫学は社会学や農学、水産学などにおいて集団を扱う研究にも活用でき、その応用範囲はきわめて広い。疫学の疫が「やまいだれ（疒）」であるために、それは限定的に病気（または健康事象、特にepidemics）に特化された学問（the study of epidemics）であるかのように捉えられている。中国語では、疫学は実際「流行病学」と呼ばれている。疫学（Epidemiology）という言葉の語源は不明であるが、ギリシャ

ウイリアム・ファー　William Farr, 1807-1883
イギリス生まれの医学統計の創始者。1839年から40年間、イングランド・ウェールズ統計（Registrar General）の医学統計の仕事につき、各種の職業別死亡率、監獄その他の施設での死亡率、既婚者、独身者の死亡率、婚姻率の変動など、様々な対象に関心を示し、実際の統計資料を活用して、公衆衛生の状況説明や推測を行なった。現代の疫学はファーから出発したと言われる。出典：https://en.wikipedia.org/wiki/William_Farr

語の集団におこる課題・事象を研究する学問（study upon populations）を意味していたといわれている。その定義にはいろいろと異論もあることを承知でいうと、Epidemiologyは本来、Epi = Upon、Demos = People、Ology = Studyの3つの要素からなる学問であるとすれば、健康事象だけに限定したものではなさそうだ。社会学などで対象になる集団あるいはコミュニティにおける事象（社会現象）などもその対象になりえるかもしれない。

とはいえ、疫学の発展の歴史を概観すると、前述のイギリスのグラントやファーらが業務の対象としたものは死亡や出生などの「人口動態統計」であった。データの活用の主題は公衆衛生の対策にあったことを勘案すると、疫学研究の中心的な領域は公衆衛生を対象とした医学の領域であるといっても過言ではないかもしれない。しかし、疫学研究の対象が人や動物などにおける健康事象から社会にはびこるいろいろな集団的な動向にまで拡大していくのは、疫学の総合科学としての基盤を強化するものにつながり、歓迎されるべきものであろう。今後の疫学の発展も他分野との連携・融合にかかっており、この趨勢を積極的に後押ししなければならない。

疫学の定義

とはいえ、「特定の集団における健康関連の状況や事象の分布あるいは規定要因に関する研究を行なう学問。そして、その学問を健康問題の対策に応用すること」という国際疫学会の「疫学の定義」が現在、権威のあるものとして世界的に引用されている。これも疫学が公衆衛生学の要で、集団における病気の原因や分布、予防方法を追及する学問である

ゴードン・ガイアット　　Gordon Guyatt, 1953-
カナダのマックマスター大学医学部医学・臨床疫学統計学分野教授。EBMの提唱者。
出典：https://en.wikipedia.org/wiki/Gordon_Guyatt

ことを前提としているからであろう。疫学者はこの枠組みの中で、ポピュレーション・ヘルス（集団における健康）に関する課題に対して細胞からローカル・コミュニティ、そしてグローバル・コミュニティまでの広い領域において、学際的な研究を精力的に行なっている。

　疫学、特に臨床疫学の重要性が、根拠に基づく医学（Evidence-based Medicine：EBM）の概念の隆盛とともに、ますます高まっている。EBMの概念は19世紀半ばあるいはそれ以前に遡るともいわれているが、それが現在のようにいろいろな分野や領域で語られるようになったのはカナダのMcMasters大学内科の若い医師ゴードン・ガイアットのEBMの論文発表（1991年）に始まる。彼がそのEBMの概念をつくり上げた背景には、臨床現場に応用可能な臨床評価技法を開発していた彼の恩師、デイビッド・サケット（David Sackett）の影響が大きい。

　ガイアットは上記の短報において、臨床疫学の成果を臨床に統合するように推奨した。それが契機となって、特に北米において、現在の標準的な臨床診療の弱点、そしてそれに伴う患者のケアの質とコストにEBMが強く影響するということを気づかせることになった。

　臨床は伝統的に医術"Art of Medicine"と見なされ、専門家の意見や経験、権威的な判断が意思決定の基礎をなしていた。医学の世界において、生物医学における科学的手法や疫学における統計学的分析を使うと

スーザン・フレッチャー　Suzanne Fletcher
内科医、臨床疫学者。ハーバード大学医学部卒。スタンフォード大学とジョンズホプキンス大学で内科の研修。ジョンズホプキンス大学公衆衛生学部から修士号（MSc）を取得。現在ハーバード大学医学部ポピュレーション研究教室主任教授。夫であるロバート・フレッチャー教授との『臨床疫学－要点（Clinical Epidemiology–The Essentials）』の教科書は第5版を重ね、疫学教科書の古典となりつつある。出典：http://www.populationmedicine.org/node/259

ロバート・フレッチャー　Robert Fletcher
内科医、疫学者。1966年ハーバード大学医学部卒。スタンフォード大学とジョンズホプキンス大学で内科の研修。ジョンズホプキンス大学公衆衛生学部から修士号（MSc）を取得。現在ハーバード大学医学部名誉教授、ノースカロライナ大学非常勤教授。出典：http://www.populationmedicine.org/node/258

いうことはきわめて稀なことであった。他の学問に対する不信は根強く、自分と異なるものに対する嫌悪感は高かった。そのような歴史的背景が、これらの方法を医学に導入するのを妨げていた。しかしながら、今でいうEBMにつながる概念は突然現れたわけではなく、1960年代からその芽が世界のあちこちで育まれていた。

　カナダとアメリカにおいて1960年代以降、特に「臨床疫学」（Clinical Epidemiology）という概念でEBMの芽がすくすくと育っていた。スーザン・フレッチャー、ロバート・フレッチャー、アルヴァン・ファインスタイン、前述のデイビッド・サケットなどの名前は疫学者の間でとてもなじみが深かった。臨床疫学の先駆者である彼らは疫学に生物統計学を導入し、臨床現場やコミュニティにおいて健康に関するエビデンスの蓄積を加え、それを患者の適切なケアに応用し、その質を上げ費用を削減するだけではなく、ポピュレーション・ヘルス学の発展の動向にも多大なる影響を与えた。

　EBMの歴史については他の有能な専門家に譲ることにするが、医学の分野だけではなく、他の科学のなかにも「根拠に基づく」という新しいパラダイムは急激に浸透していった。

わが国のEBMの先駆者

　このEBMは、エビデンスの高い情報をもって患者の治療および「生活の質」（QOL）の向上に貢献しようとする臨床現場から始まった。医療従事者の臨床的専門技能と患者の価値観とをもって、最良の研究による根拠を統合することによって最善の医療を実践しようとする考え方である。エビデンスの構築には前述のように、患者の価値観の共有が重要

アルヴァン・ファインスタイン　Alvan R. Feinstein, 1925-2001
シカゴ大学学士、修士（数学）および医学部卒。死亡時、イェール大学医学・疫学教授・ロバート・ウッド・ジョンソン臨床研究者プログラムの名誉所長。彼はそのプログラムの初代（1974年）の所長でもあった。以来、統計学と疫学を駆使した臨床研究・臨床疫学を推進しながら、多くの若手の医学研究者を育成した。『臨床統計学、Clinical Biostatistics』『多変量解析、Multivariable Analysis』『医療統計学の原理、Principles of Medical Statistics』の中に、定量データを用いた臨床研究への彼の特徴が読み取れる。出典：http://www.yale.edu/opa/arc-ybc/v30.n9/story12.html

であることも明示されている。医療の現場では、患者の考え方や価値観などを引き出し、患者中心の医療を目指している現在、患者との対話が重要であるのはいうまでもない。そして患者との対話、その「物語に基づく医療」(Narrative-based Medicine：NBM) がEBMと同様に注目を集めているのは当然の帰結であろう。

「温故知新」、古きをたずねて新しきを知ることは大切だ。昔は今の鏡ともいわれる。そして、それを基にさらに発展・進化させ、新しいものを創ることが若い世代には求められる。古きをたずねて新しきを創る「温故創新」――。この創造力が過去から未来へ引き継ぐバトンとなる。

さて、EBMは1991年以降広まったことは前述した。現在でいうEBMという包括的な概念ではなかったかもしれないが、日本では1960年代にその概念が萌芽しつつあった。特に薬効評価にかかる「三た論法」に対する挑戦として、医学の領域に統計学（推計学）を必死で導入しようとした先駆者たちがいたことを忘れてはならない。

わが国の医学に統計学を持ち込んだ先駆者は、当時東京大学医学部物療内科にあった高橋晄正（1918-2004）先生らのグループである。当時は統計学ではなく「推計学」と呼ばれ、データに基づいて薬の評価の判定や計量的な診断を推測、推定（Inference）するという概念で適用されていた。

東西を問わず、臨床は伝統的に医術として、専門家の意見や経験、権威的な判断が意思決定の基礎をなしていた。それは薬の評価においても同様で、権威のある専門家が「薬を使った、病気が治った、ゆえにその薬が効いた」という論法に疑いをもつ人はいなかった。

高橋晄正先生はシーザー（カエサル　前100頃～前44）の『我来

高橋晄正　たかはし　こうせい、1918-2004

秋田県生まれ、1941年東京大学医学部卒業。薬の効果検証などに推計学（統計学）を用いて科学的検証を行なうことを一貫して主張。それが患者の安全性の確保や人権の保護を可能にすると。現在の「根拠に基づく医学（EBM）」の概念を導入する過程において、多くの既成体制と軋轢を生じたりまた圧力を受けるが、「薬を監視する国民運動の会」を組織し、「くすりの広場」を発行して、市民運動を展開した。筆者も晄正先生から統計学の指導を受けた。出典：里見宏氏

「た」、見「た」、勝っ「た」』という調子に合わせた三「た」試験によって、つまり「三た論法」で多くの薬は“効く”という折紙がつけられていること。それは医学の権威者が保証することによって、薬の効果が評価されているということであり、それに対して敢然と立ち向かっていった。

高橋晄正先生は、今では常識になっている「二重マスク法」（Double masked〈blind〉clinical trial）を薬効検定に採用するように提案するも、当時の権威者らから猛烈な反発を食らうことになった。だが彼は、診断にも計量的な視点を導入し、今でいうEBMのわが国での萌芽期を創造していった。彼は、医学者の権威者たちに真っ向から対立し、「科学的な根拠に基づく医学」の原型をわが国に導入した先駆者であり、類希な人であった。そのために彼はその後、医学界や製薬会社、行政などから孤立し、圧力を受けつつも、薬害問題を監視する市民運動家として孤高の闘いを挑んでいった。その世界では、企業関係者と消費者の関心が大きくずれるために非難・論争が絶えない。と同時に、どちらかの肩をもつ科学者がほぼ必ず現れる。そして科学者の良心が試される。

高橋晄正先生の闘いが始まったのはもう50年以上も前のことである。彼の意思が、医学や医療、薬学などの今の日常に、そしてふつうに取り入れられ実践されているとすれば、先生は天国において微笑んでいることであろう。

疫学的根拠

EBMの概念の根底には、エビデンスを構築するのに疫学的手法がきわめて有用であり、臨床疫学の重要性が認識されたことがある。その延長上にEBMが発展していった。1990年以降一時期、EBMに関する関連のワークショップや研修などが津々浦々で開催され、世界的な潮流になっている感さえあった。今ではその熱は少し冷めているようである。しかしそれは結果として、日常の業務の中にEBMが普通に取り入れられつつあるという証の一つなのかもしれない。

臨床疫学からつくられる疫学的根拠はEBMの進展にも大きく影響す

る。そして、「根拠に基づく」は、医療分野の流行語として今でも隆盛を極めている。その一方で、エビデンスの構築の名のもとに、医療倫理を堕する研究や調査が行なわれないよう、私たちは気を配っていなければならない。

　適切な疫学的手法に基づいて、厳格に実施された疫学調査から生まれるデータ（疫学的根拠に基づいたデータ）はきわめて信頼性が高く、「疫学的証拠」（Epidemiological evidence）と呼ばれ、健康の対策や予防、増進、環境アセスメントなどの政策決定には欠かせないものである。その応用範囲は空気から水、衣食、農学から水産学、人間から動物などへと幅広く、疫学者はそれぞれの集団に発生する事象の原因を究明し、対策を練ることに心を躍らせている。

　疫学研究は病気などの原因究明に非常に有用な手法である。しかしながら、いろいろな疫学的エビデンスを収集・解析・評価して、蓋然性の高い原因らしきものを疫学者は突き止めることはできるが、疫学研究だけでは真の原因を確立することはできないということも、私たちは認識する必要がある。疫学研究から導入される関係が真の原因的関係であるかどうかの蓋然性を評価する原則がいろいろと提示されているが、そのことについては別の機会に譲ることにする。

　疫学は、臨床でのデータ構築に加え、環境健康科学での環境要因に対する健康リスク評価などにも有益で広く活用されている。環境リスク評価は、環境保健政策と公衆衛生の意思決定、環境基準や研究企画などを確立するのにも応用される頻度が高まっている。リスク評価の信憑性は科学的なエビデンス、つまり疫学データの信頼性の強さによるところが大きいため、それに使われた疫学調査の理論や手法などに頼らざるを得ないことも事実である。

　疫学の使命や応用、用途などは何も臨床や環境保健に限らない。今日の疫学は医科学の領域だけでなく公衆衛生、そして住民の間でもますます必要とされている。その結果、疫学の応用範囲はいっそう拡大することが予見される。

　今日的課題である高齢者の健康・介護・福祉の問題、少子高齢化の課

題、健康的な生き方や死生観の問題、ヘルスプロモーションへの応用、分子レベルでの健康機序の解明、さらにそれぞれの相互の関連性などの解明についても、「疫学」が貢献するところは大であると考えられる。

疫学の総合科学としての特性を生かして、他分野と共同・協働することによって、その応用範囲はさらに広がるであろう。総合科学としての疫学の他分野との相乗効果をいかんなく発揮できるかどうかに疫学の未来がかかっているように思う。

疫学の黎明期がまさに今始まったばかりである。総合的に俯瞰しても疫学の未来は明るく、これから疫学を学ぼうとする人たちを含む若い疫学者が、今後活躍する機会は多く窓口も広いと確信する。

人間味のある総合科学

健康事象は、その対象が人間であれ動物であれ、その集団の中でランダム（無作為）には分布していない。疫学の研究の命題はつまり、それがランダムに分布していないのはどうしてだろうか、という"Why not"を科学的に追求することといえる。

疫学は、「公衆衛生全般をつかさどる公衆衛生学の中の一つの学問である」と定義されるのが一般的である。疫学研究はしっかりした手法やアプローチを用いて、そして倫理に基づいて企画され、実行され、モニターされる。集団における現象を総合的に捉え、公衆衛生活動・実践のための政策策定にも寄与する総合科学である。疫学調査で収集されたデータは、その総和以上のものを私たちに示唆し教えてくれる。それらのデータの中には多くの宝物が含まれており、私たちはその解釈に夢と希望を託す。

一方で、計画の段階、データ収集の過程、そしてその解釈において、多くの落とし穴というか罠もあるので、最初から最後まで気の抜けない作業が続く。たとえば、ある病気の原因を究明しようとする場合に、疫学者は、犯人を追う刑事のように、あらゆる情報を包括的に集めて効率よく犯人（原因）を突き止める。犯人の予想外の思考や行動などに振りまわされない緻密な計画も必要である。疫学者が医学探偵あるいは「医

学刑事」（Medical detective）と呼ばれるゆえんがそこにある。

　もちろんすべての疫学者が医学探偵になるわけではない。ということとは言い換えると、刑事が警察業務のほんの一部を担当しているように、医学探偵は疫学全体を担っているわけではない。犯人を突き止めようがなかろうが、多くの課題や問題がその後に続く。原因の解明（犯人逮捕）という朗報だけが流れて、残された多くの課題についての言及は往々にして少ない。

　疫学の本来の命題は、リスク要因を同定し、あるいは原因を確立した後に健康維持・増進、予防対策などにその結果をどのように活用するかということにある。犯人逮捕の後に続く犯行への動機やその過程などの解明に加え、本人の資質はもちろん、その背後にある社会全体の構造にも目を向ける必要があるように、疫学の場合にも地域の特性のほかにその特性をつかさどる社会構造をも総合的に理解することが求められる。そこでいう「社会構造」とは、政治経済から環境、生活習慣全般、教育、ジェンダー規範、さらに人権や公平性などの社会の風全般をも包含するものである。

　疫学者一人でこれらのすべての領域を担うということではなく、その関連分野の専門家の、そして地域住民の知恵を拝借し、共同でその対応に当たるというものである。疫学は医学の領域の公衆衛生学の一部を担う重要な学問であり、関連領域の学問とのコラボレーションを通じて総合的に責務をつかさどり、実践する学問である。

　疫学はこのように、わくわくする犯人探しに加え、綿密な計画のもとに、社会の構造の奥深いところにも支援の手を差し伸べることができる非常に"人間味のある"総合科学である。

疫学に必要な三つの視点

　疫学の一連の活動を包括的に実践するためには、その手法や技術以上に、「疫学の心」（Epidemiology mind）が必要とされる。心のないところに技術なし。心のない疫学者は社会にとって無益どころか有害である。疫学者といわれる、あるいは自称している人がすべて、その心を持ち合

わせているとは限らないので、私たちはその人たちの言動を、緊張感をもってモニターし、必要なら毅然と対応することが必要である。

さて、「疫学の心」を考える前に、集団における事象を観察し評価する一連の過程を眺めてみよう。それには「3つの目」が必要であるということを提案する。

一つめの目は「鳥の目」（Bird's-eye view）である。集団での健康事象の全体を俯瞰的にあるいは鳥瞰的（パノラミック的視点）にみて、その概要を把握し、根本的な課題を発見する"目"である。発見するだけでなく、その発見したものに対して常に問題意識をもつこと。ここで大切なのは何のくもりもない、先入観のない、偏見をもたない"澄んだ心"である。そして鋭い眼力と、公平な幅広い知識が必要である。

集団を俯瞰的に見ると、その集団の何か特徴的なものが浮かび上がってくる。全体を平等にいち早く把握し、その特徴を見る。細かいことに惑わされず、大局から物事の成り立ちを捉え、そして社会にたまたま弱い立場にいる人たちにも配慮して、大局的な、百年の計にかなう決断を下すことが鳥の目の心だ。

二つめの目は、「虫の目」（Insect'sあるいはworm's eye view）である。小さい虫のように、下からの目線、ボトムアップで、物事・住民に近づいて複眼的に、多角的に観察することである。つまり焦点を絞って、物事を実践するということである。虫のように地面を這って、住民に"寄り添う"という心構えが必要なのだ。住民の多様性を重んじ、少数派の意見にも耳を傾ける。多角的で緻密なデータがあってこそ俯瞰的な決断も下せるので、「虫の目」の視点は「鳥の目」とも強く関連している。

それゆえ、鳥と虫の目の視点は補完的なものであり、物事の全体を総合的に把握するためには二つとも欠かせないものである。

三つめの目は、「魚の目」（Fish's eye view）である。魚は、干潮満潮という連続的な潮の流れにいて、自分を見失うことなく、獲物を獲得して生きている。つまり魚は、時間的・空間的な流れの中で、流れに臆することなく自分の立場というものを確実に捉えている。健康に影響を与える社会も経済も環境も停留することなく流れているので、このダイナミ

ックス（動態）を、世の中の流れを、敏感に感じ正確に捉えてこそ、正しい決断が実行に移され、評価も行なうことができる。

これらの「三つの目」の考え方はビジネスの世界でも有用であることが広く知られているが、疫学者にも必要不可欠な視点である。「森を見て木も見る」、そして「木を見て森も見る」目である。社会の流れの中で複眼的に事象の全体を捉え評価して、住民に寄り添って次なるものへと確実につなげるという長期的な"ビジョン"が疫学者には欠かせない。

これらの三つの目の視点のバランスが、ビジネスの世界だけでなく、疫学にも必要である、と私は確信する。そして、三つの目の視点を全体として包含するのには、さらに別の新しい目が必要となる。

三つの目の連携

激動する社会の流れの中で、私たちは往々にして自分たちの足元のことをよく把握しないで生活している。他人のことにまで心を通わせるという基本を忘れていることも多々ある。「虫の目」の心構え、焦点を絞った複眼的な視点は言うはやさしいが、複雑な社会構造の中に翻訳し実践することはむずかしい。

たとえば、私たちの"誕生日"は私たちのお母さんが苦しんだ日でもある、ということを私たちは忘れていないか。誕生日は自分一人だけが祝福される日ではなく、家族の喜びの日であり、両親に対する感謝の日でもある、ということだ。

また、アクセシビリティ（Accessibility）、そしてバリアフリー（Barrier free）という概念。それは設備やシステムが広く障害者や高齢者などに対応可能である（Accessible）ように、建物や道路などの段差（バリア：Barrier）を取り除き（Freeにし）、エレベーターやエスカレーターなどを設置するというものである。これによって、障害者や高齢者のように、社会的にたまたま弱い立場におかれた人たちの生活の質が一段と高まる。バリアフリー化は福祉国家の仲間入りをするためには必要最小限度のことで、法律でも保障されている。

そこで記憶しておいて欲しいのは、アクセシビリティやバリアフリー

の恩恵を障害者よりも「ふつう」の人がより多く受けているという事実である。多くの税金を捻出して一部の人たちのためにバリアフリーを整備しているのではなく、「ふつう」の人こそ、できたものの恵みをより多く満喫しているという事実を忘れてはいけない。階段、エスカレーター、そしてエレベーターなどは「ふつう」の人たちのバリアフリーであり、その人たちが障害者よりもより多用している。ふつうの人のために、多くのバリアフリーがすでに提供されているのである。エレベーターや階段などがなければ、ふつうの人たちは上階へ行くのにロープなどで綱渡りするしかない。

　障害者はロープも使えない。上階で火事が発生したら、ふつうの人たちは階段というバリアフリーを使って駆け下りることができるが、障害者は消防士や飛行士の助けがなければ動けない。このように、ふつうの人たちと障害者の間には利用できるもののオプションの数が違うのである。

「鳥の目」の視点をもって、これら末端のディテール（「虫の目」の視点）にも配慮して、政策を広い視点から企画し実践できるようにプログラムが組まれ、「魚の目」をもって、その動態をモニターし評価に繋げなければならない。しかしながら、これらの三つの目が何の連携もなく勝手に作動していてはその効果は小さい。

疫学の成否

　これらの三つの目は、しっかりした枠組みがない限り、自由わがままにかつ非生産的に動きまわるのが落ちである。であるから、これらの三つの目の視点を統合するためには、当事者である私たち自身の視点がしっかりしていなければならない。疫学的データそのものは中立であるが、それを"評価"する考え方は必ずしも中立ではない。解釈する当事者の心は常に揺れている。

　公衆衛生の原点から逸れない内容にするためには、しっかりしたその人、またはグループの価値観および哲学、つまり公衆衛生の心に裏打ちされた視点と行動が試される。この「第四の目」こそ、疫学研究の究極

の選択であり、それなくしてはすばらしい疫学デザインのもとで実施された疫学調査のデータも活きてこない。この第四の目がくもっている場合には、正しい判断がとられないばかりか、有害な結果に結びつくことさえある。

この「第四の目」に疫学の成否がかかっているといっても過言ではないだろう。これから疫学を学ぼうとする学生は、疫学の技術的なノウハウのほかに、この第四の目を養うことも決して怠ってはいけない。

"疫学は総合科学である"ということは前述した。ということは、これらの三つの目の視点を総合的に包括できる器が必要である。三つの目が別々に作動すると同時に、三つが関連し合い相加的に、さらに相乗的に機能することが不可欠である。それを可能にするのが疫学の"総合性"であり、その総合性を可能にするのは「あなた自身の目」「私たち自身の目」「グループの目」である。これは単なる四番目の目ではなく、三つの目を統合し、人間的な目に戻し統括するという、もっとも大事な概念なのである。

疫学はそのような視点のもとに、現在、急激に成長している。臨床医学や社会医学の中での「根拠に基づくデータ」（Evidence-based data）をつくり上げる将来の担い手は、この疫学の心および疫学者の価値観・哲学・良心をもって活躍することが期待されている、"あなたたち"若い人たちではないだろうか。この疫学者の良心は、人びと（集団、地域住民ら）の健康（病気の治療だけではない）を確保するという「公衆衛生の心」（Public Health mind）とあいまって、私たちの健康を増進させ、生活の質を確実に高めるであろう。

このような資質をもった疫学者が将来、おおぜい育つことを私は願っ

森鴎外　もり　おうがい（本名：森林太郎）1862-1922
小説家、評論家、翻訳家、陸軍軍医。現在の島根県津和野町出身、東京大学医学部卒。1884-1887年の4年間、衛生学や細菌学を学ぶためにドイツ留学。ミュンヘン大学衛生学ペッテンコーファー教授や細菌学者ロベルト・コッホらに師事した。日清・日露戦役での脚気対策において海軍軍医高木兼寛との論争は有名。陸軍の脚気大惨事に森林太郎の誤りが深く関っていた事実は広く知られている。出典：https://ja.wikipedia.org/wiki/森鴎外

ている。実際、科学の世界も、そして社会もそのような指導者を求めている。

近代医学のパラダイム

　現代疫学はイギリスを中心に発展を遂げてきている。日本における疫学の発展もその発祥の地であるイギリスと無縁ではない。疫学という言葉はドイツで勉強した森林太郎による、ドイツ語の「Epidemiologie」の翻訳、「疫れい（癘）学」に由来するといわれるものの、日本で疫学を大々的に実践したのはイギリス帰りの高木兼寛である。高木はロンドンにあるセント・トーマス病院に5年間留学し、そこでイギリス流の現象学主導の医学研修を受け、優秀な成績を収めて1880年（明治13年）に帰国した。

　前述の疫学の父ジョン・スノーやハンガリー生まれのゼンメルワイスが活躍していた当時（1850年前後）には、「すべての病気の原因は細菌にあり」というパラダイムはまだ生まれていなかった。当時はまだ、病気の原因として、外部のもの（細菌）が関与するとは考えられておらず、ドイツの病理学者ルドルフ・ウィルヒョウの、病気は体の中の細胞あるいはその細胞グループに起因するという考え方が主流であった。二人の疫学の父（スノーとゼンメルワイス）は、これらの二つのパラダイムの谷間で、つまり細菌学開始の20～30年前にそれぞれ別々にコレラと産褥熱の対応に奮闘していた。そして二人とも、細菌学黎明期につながるような確かな手ごたえを次世代に示していた。

　新しい種がまかれたのである。そして、ドイツではロベルト・コッホが1876年に炭疽菌、1882年に結核菌、1883年にコレラ菌を発見し、フラ

高木兼寛　たかぎ　かねひろ、1849-1920
宮崎県宮崎市生まれ。海軍軍人、医師。英国ロンドンの聖トーマス病院医学校（現キングス・カレッジ・ロンドン）に留学。帰国後海軍軍医とて要職を歴任。兵食改革（洋食＋麦飯）を通じて、当時軍隊内部で流行していた脚気問題に積極的に取組み、その予防対策に貢献。特に明治17年（1884年）の軍艦「筑波」による航海実験は画期的な疫学的介入。その業績から、高木は日本の疫学の父とも呼ばれる。この疫学介入実験については『白い航跡』（吉村昭）に詳しい。また陸軍軍医総監森林太郎（森鴎外）と高木の「脚気論争」は有名。東京慈恵会医科大学および看護学校の創設者。出典：https://ja.wikipedia.org/wiki/高木兼寛

ンスのルイ・パスツールとともに近代細菌学を創始することによって、疫学者によってまかれた種は萌芽した。こうして「すべての病気の原因は細菌にある」という新しいパラダイムがつくり上げられていった。

　本書の主役であるゼンメルワイスはこれらの二つのパラダイムの谷間で活躍したが、彼の業績は彼の死後に初めて認識された。古いパラダイムを死守しようとする強力なボスが必ず存在する。開拓者は新しいパラダイムの創造という厳しい挑戦に加え、既成のシステムとも闘わなければならない。

　本書はその若いゼンメルワイスが「手洗い」という新しい手法を命がけで提唱し、医療現場に導入した、彼の壮絶な物語である。若い疫学者、またはこれから疫学を学ぼうとする人たちは、約150年前のゼンメルワイスの仕事を、"先人が遺した優れた遺産"として享受するだけにとどまらず、今という新しい時代の状況にひきつけて、その現代的意義を再考して欲しい。

　歴史を正しく理解し、後世に正確に伝えるのが私たち現役世代の務めである。私たちは、私たちの過去や歴史に対しても将来を保証しなければならない。これも持続可能な社会を維持・継続する重要な視点である。過去から学び新しきを知り、さらに新しきを創造するだけではなく、その歴史そのものを未来に伝えるということも確かなものにしなければならない。

　また自分が発見する新しい情報や知見、技術をその時代の理論の枠組みの中に何が何でも押し込めようとしなかったゼンメルワイスの精神をじっくり観察し、将来の糧にして欲しい、と私は願っている。これも私が本著を執筆する理由の一つである。

第3章

疫学の新たな展開 — ゼンメルワイスから学ぶもの

病気は集団の中でランダムに分布している？

　疫学調査では"仮説"を立てる。たとえば、「健康（あるいは病気）は
地域の住民の中にランダムに分布しているかどうか」と。これを「帰無
仮説」といい、たいていは否定されることを期待して立てられる。この
帰無仮説を（調査データに基づいて）統計的に否定（棄却）して、すな
わち「ランダムに分布していない」として、対立する仮説を採用する。
これを「対立仮説」という。病気が集団の中でランダムに分布していな
い、つまり無作為に広がっていなければ、その背景には何があるだろう
かと考察する。

　疫学は、社会で発生している事象を慎重に、そして周到に観察するこ
とから始まる。健康事象が多くの社会現象と同様、たとえば地域的にあ
るいは時間的に集積しているということは、そこには集積すべき理由が
あるということである。逆説的だが、健康事象や病気も社会の中でアト
ランダムには発生しない。したがって、流行する理由を科学的に探究す
ることによって犯人（原因）が徐々に包囲されてくる。最終的に、原因
究明ができたところで、その対策を模索する。

　だから疫学が「3Ds」の学問であるとよくいわれるゆえんである。最
初の「D」はすなわち、集団における病気の「分布」（Distribution）の
ことである。病気の地域における分布は通常偏っている。そしてその偏

りを規定する要因、つまりDeterminantが何かを追究する。よって、これが2番目の「D」である。この「D」は「危険因子」(Risk Factor)と呼ばれることもある。危険因子を取り除いたり、弱めたりすることによって、病気の予防や対策をつかさどること(Deterrent)ができる。これが3番目の「D」である。

　第2部第2章でも概説したが、疫学という学問が現代のかたちになった歴史はそう古いものではない。コレラの研究で有名なイギリスのジョン・スノーはその研究で「疫学の父」と呼ばれているが、ゼンメルワイスとほぼ同じ時期の人である。疫学の古典『Snow on Cholera』が出版されたのは1854年である。スノーがウェストミンスター（ロンドン）のブロード・ストリートの井戸とコレラの関係を調査し、その井戸がコレラ流行の源であるとして、1848年その井戸を閉鎖するようにウェストミンスター政府に要請し、井戸の把手が外された。井戸を閉鎖した効果はすぐに現れ、コレラの流行は収束していった。これは1883年にロベルト・コッホがコレラ菌を発見する35年前のことであった。

　またスノーは、コレラ死亡データや水道水の配水状況を丹念に調査し、当時いわれていたコレラの空気感染に疑問を抱き、「汚染された水を飲むとコレラになる」という「経口感染仮説」を立て、対策を打ち立てた。

　スノーにロンドン市民の死亡データを提供したのは、瘴気論（コレラの流行が水系感染ではなく、汚れた空気が原因とする考え）を唱えていたウィリアム・ファーであった。その提供時に、個人情報の保護などの疫学を実践するための倫理規定が今のように踏襲されたかどうかは読者の判断に任せる。研究する心も手法もおおかた、時代の産物である。ま

フローレンス・ナイチンゲール　Florence Nightingale, 1820-1910
イギリス生まれの看護師、看護教育学者、社会改革主義者、統計学者。ロンドンの聖トーマス病院にナイチンゲール看護学校を創設し看護教育の普及に努める（現代看護の創始者）。クリミア戦争に従事し、兵舎病院の衛生改善に努力したことは有名。『Notes On Nursing（看護覚え書）』は看護教育の古典。出典：https://en.wikipedia.org/wiki/Florence_Nightingale

たファーはフローレンス・ナイチンゲールの友人であったことも付記する。

　そのような時代的な背景にあっても、スノーはゼンメルワイス同様既成の概念に疑問を唱え、それをみごとに打ち砕くことでコレラの防疫に成功した。彼に異論を唱えていた仲間が提供したデータを使って……。

比較の学問

　疫学は"比較"の学問である。比較する両群は、比較しようとするもの、すなわち仮説のもの以外がすべて同じ条件であるのが望ましい。

　ゼンメルワイスも基本的にこのアプローチを採用し、原因らしいものを検証していった。ウイーン総合病院の第一産科病棟では医師の、第二産科病棟では助産師の研修が行なわれていた。ゼンメルワイスは1847年（29歳の時）に前者の病棟の責任者（医長）に指名され、その管理を任された。

　第一産科病棟における産褥熱による妊産婦死亡率は、第二病棟のそれにくらべ数倍も高いことは長く知られていた。いろいろな予防対策をこれまでも何度も試してきたが、どれも徒労に終わっていた。産褥熱は自然の摂理に沿って発生するもの、つまり「流行病」（Epidemic disease）であり、もう当たり前のことで、医師やその関係者、人間には手に負えないものであると諦念されていた。

　それは神に対する人間の敗北であり、どうすることもできないもので、若い女性はそれを「宿命」と捉えるしかないのだ。その敗北を認めることで関係者は気が休まり、すべての責任から解放された。

　しかし、若いゼンメルワイスは諦めなかった。流行の原因といわれている環境要因には二つの病棟間でまったく違いがないのではないかと考えた。彼は現在でいう「観察的疫学研究」（Observational study）の手法を用いて、二つの病棟を徹底的に調査した。観察的疫学研究の一つ、記述疫学的手法を用いて両病棟の「疫学的特性」（この場合は特に大気などの環境要因）を、彼は調査した。そしてもう一つの「横断研究」（Cross-sectional study）として、二つの病棟の特徴を比較した。ある病気

が多発している地域と多発していない対照地域との疫学的特性の比較をして、多発をもたらしている要因を推論しようとするもので、この二つは同じである。

対象が個人のレベルだと、これは「患者対照研究」（Case-control study）になる。ゼンメルワイスは基本的に、第一産科病棟に焦点を当て、第二産科病棟を「対照」として、環境から分娩方法、看護、そこで働いている医療従事者の行動や役割まで、彼が考えうるほとんどすべての要因について両群の差異を比較検討した。彼の執着した、あきらめない努力は彼を裏切らなかった。

一灯が一隅を照らし、希望の光が射してきた。第一産科病棟と第二病棟との比較研究から両群においては調べ得るすべての要因において同じであるが、看護、診察、そして分娩を実施している医療従事者だけが両病棟間で異なっていることを突き止めた。そこで仮説を立てて、動物実験も試みている。さらに「手洗い」という介入実験を通して、自説の正しさを証明している。

現在では初歩的疫学的手法であるが、横断的な観察研究から、集団による両群の比較研究、実験疫学、そして介入研究までの調査をすべて彼は独りで行なっていた。彼の業績は「疫学の父」といわれるジョン・スノーのコレラ研究に勝るとも劣るものではない。そして、二人に共通していることは、疑わしいが蓋然性の高い情報（原因）に基づいて、対策（介入）を講じ、疫学の究極の目的である疾病の予防に貢献したことである。

原因の情報は対策に必ずしも必要ではない

ゼンメルワイスが産褥熱の原因らしきものを同定したのもジョン・スノーとほとんど同じ時期であった。ゼンメルワイスは1818年生まれで、スノーより5歳年下であった。前者は、社会的に成熟する前に若干29歳にて社会の不条理に直面し、壮絶な闘いを挑んだが、それに打ちのめされて（もちろんそれがすべてではないが）、47歳にして壮絶な人生を終えた。また、その闘いが孤独で壮絶であっただけに、逆にその生き方か

ら私たちは多くのものを学ぶことができる。産褥熱の原因を特定する孤独の闘いとその後の失敗続きの彼の壮絶な人生から……。

産褥熱の原因は手に付着している外部のものが"汚れた手"を介して体内に侵入して起こるものであると確信して、「手洗い」という手段を用いて介入し、成果を上げた。手に付着した異物が何であるかまでは確立できなかった。それを確立するためには約20年後にできる新しいパラダイムを待たなければならなかった。

スノーとゼンメルワイスは今でいう疫学的手法を用いて、感染源を確定し、そこから人間に感染するまでの経路も解明することができた。二人もそれぞれの病原菌、つまりコレラ菌と溶連菌を原因として確立したわけではない。しかし疫学的手法によって収集されたデータから、感染源と感染経路を特定し、流行を収束することができた。二人とも、究極の原因の特定までは至っていなかったが、状況証拠を着実に整理し、蓋然性の高い結論に到着していた。

二人が結果として後世に示したように、実際の病原体が不明であっても、社会的・環境的要因を詳細に観察し評価することによって、病気の広がりを収束させることができる。現代の疫学研究も、スノーやゼンメルワイスの研究と本質的には変わらない。

つまり原因がはっきりしないからといって、対策が打てないということではない。もちろん原因がわかったほうがそれに集中した特異的な対策が立てやすいが、不確かな情報の中でも、直接的な原因が不明であっても、疾病予防は可能である。よって、はっきりした原因がわからないからといって、予防対策を遅らせる理由にはならない。ここでこそ、疫学者の創造力が試される。また疫学者の良心が試される。火は鉄を試すというが、プレッシャーや誘惑なども科学者の良心を揺さぶり試す。失敗を安易に捉えることはできないが、不確かな情報の中でも自分の価値基準と信念に基づいて、まずは住民の健康を予見し予防する対策をうたなければならない。静観するところに新しいことは生まれない。

予防原則

最近でこそ、「予防原則」(Precautionary Principle) あるいは「予防的措置」(Precautionary Measure) として、特に環境汚染の領域で、人の健康や環境の保全に重大かつ不可逆的な影響を及ぼす仮説上の恐れがある場合、科学的に因果関係が十分証明されない状況でも、規制措置を可能にする制度や考え方が優先される制度が確立されつつある。つまり、原因が科学的に立証されない場合にも、それが不可逆的な、特に健康被害をもたらすことがかなりの確率で予想されれば、時間的に前倒しをしてでも"何らかの手"(措置) を打つというものである。「ごめんなさい」と後でいうよりも、一貫して「もっと安全」を担保しようという考え方である。

予防原則は、「公衆衛生上の決定を行なう必要があるが当該リスクに関する科学的情報が不完全である場合に危険管理者に与えられたひとつの選択肢」と定義され、1990年代以降、特にヨーロッパを中心に発展してきている。実際、予防的措置が取られていれば、多くの人の命を救っただろうという事例は、ゼンメルワイスの例を引かなくても、日本でも枚挙に暇がない。たとえば、1956年に公式に発表された「水俣病」(有機水銀中毒事件。日本の公害第一号) の場合でも、当時の厚生省はその原因が不明だということで、長期にわたって具体的な対策・措置が取られないまま放置された。そのために、被害が拡大した。そして1964年ごろ、新潟県阿賀野川沿いで「第二水俣病」が発生した。

「水俣病」が発生してから60年経過したものの、水俣病の問題の全面解決にはまだ至っていない。予防的措置が13年近くも遅れたことに対する責任を誰それが取ったというニュースも聞こえてこない。"Wait and see"(静観すること：無作為の行為) がまかり通っていたのである。これは、予防的措置の考え方とはまったく正反対の思考方法である。

しかし本来、予防的な措置 (Precautionary Measure) を実際に実践するのは簡単ではない。いろいろな条件や推論などから、予防的な措置を運用するかどうかは決定されるが、疫学の良心があったとしても、科学的

なデータや人間の判断などの不確実性のために間違いが起こらないという確実な保障はない。

　科学者の良心は、既得権者や行政から、そして市民からの圧力に対していつも揺れている。医療や薬、環境などの領域においてその傾向はいっそう強い。行政などにおいて失敗は左遷や降格の対象になるかもしれない。環境問題などでは、訴訟の種になりかねない。そのような個人的かつ社会的圧力のもとで、予防的な措置を実行するにははなはだ勇気がいる。しかし、疫学者は失敗を恐れてはいけない。また失敗することを恐れてもいけない。失敗は自分にもっとも近い、そして自分をもっともよく知っている自分の師匠である。師匠がいうことに真剣に耳を傾けることで、失敗の再発を最小限に抑えることができる。私たちは失敗を、明日を乗り切る活力に変えることができる。

介入試験

「疫学は比較の学問である」ということは前に述べた。たとえば二つのグループの健康レベルの違いを調べるとしよう。比較する二つの対象の特徴は、研究する項目以外はすべて同じであるというのが一番の理想である。タバコの健康影響について調査しようとすると、グループAとグループBは、喫煙以外の項目はすべて同じであることが望ましい。しかしながら、社会の中の住民を調査する疫学において、このような理想的な状況はなかなか見つからないものの、それに限りなく近づけることができる。人工的にあるいは自然（偶然）に……。

　人工的な例として、新薬の効果を評価しようとする臨床試験（治験）は限りなくこれに近い。新薬群と対照群は、無作為に割り当てられるので（対象者がどちらかの群に選ばれる確率を等しくしたうえで、研究実施者の意思も入れずに選ぶ方法）、新薬の有無以外はすべての状態において同じである確率が高い（いつでもその通りになるとは限らないが）。これは無作為化比較（対照）試験、ランダム化比較試験、あるいは単にRCT（Randomized Clinical Trialの略）と呼ばれる。

　また、フッ素の虫歯予防に関する介入試験（フッ素を人工的に添加し

200

た飲料水と無添加の飲料水を給水された住民における虫歯の発生率の比較）では、添加したフッ素以外の飲料水の質や住民の人口・社会学的な特徴（年齢や性別、経済状況など）は、両地域・住民においてほぼ同じであると仮定する。この条件を満たす調査環境をいつでも担保できる保証はないが、両群の諸々の条件が限りなく同一であるように努める。もちろん、解析において、両者の違いを統計学的に調整することも可能であるが、これは最終手段であるべきである。疫学では、このような調査方法は「地域介入試験」と呼ばれる。いずれにしても、これらの二つの方法は、調査する人が恣意的に介入することによって実践される。

　一方、ウイーン総合病院では、意図した分け方ではなかったが、結果として、第一産科病棟に医学生が第二産科病棟には助産師が偶然に分散し、「学生の病理解剖実習」以外において、両者はほぼすべての条件において同じであった。

　ゼンメルワイスの仕事は基本的に、病院の二つの病棟の医療サービスや環境などの違いを一つひとつていねいに検証していったが、その検証のプロセスは基本的に、両病棟があらゆる点において同一であることを確認するものであった。第一産科病棟の研修医と学生が病棟での診察の前に死体の解剖を実施していたことは、関係者の意思とは無関係であるとしても、明らかに一つの介入、人体実験であった。

　第一産科病棟と第二産科病棟の諸々の環境はほぼ同じであるのに、前者において産褥熱の死亡率が数倍も高いのは"おかしい"と思うようになってくる。したがって、第一産科病棟の中に犯人がいるはずだ、と彼は推論した。この推論は彼の成功の源であるとともに、既成の体制に対する挑戦となり、壮絶な闘いへの一歩でもあった。既成体制はエベレスト山のように高く、マリアナ海溝のように深い攻略不落の大きな城みたいなものであった。29歳の若者が挑戦するにはあまりにも巨大すぎた。

オリバー・ホームズの隻眼

　産褥熱は遠い昔から知られていたが、現在のような形になったのは17世紀になってからである。18世紀後半から19世紀前半になって、病気が

流行するようになったといわれている。当時、産褥熱は多くの症状や症候の集合体であり、一つの病気ではない、また、それぞれの症候に対してもそれぞれ異なる病理所見を持つものであると思われていた。しかもその原因についてもいろいろの仮説があり、特にそれが伝染性のものであるかどうかについては喧々諤々としていて、統一された見解はなかった。

アメリカの医師であり詩人でもあったオリバー・ウェンデル・ホームズは1843年（ゼンメルワイスの発見の4年前）、「産褥熱の伝染性」という小論文を発表し、その中で、病気は患者間で直接伝播されるのではなく「医師がキャリアーになっている」と結論づけていた。しかし、当時、これは少数者の意見であった。一方で、多くの産科医は、病気は突然発生するものであり、また「神のお告げである」と教えられていた。

ホームズの小論文が発表されてから2年後、1845年、ウイーンのエドアード・ルンペは、「病気は主に流行性のものである」ということを確信した。これまでに知られている環境中の変化に関係なく、患者数が増減していることを観察していた。

それから2年後の1847年、ゼンメルワイスは第一産科病棟での産褥熱の死亡率の高い原因を突き止めた。そして、彼は、友人マルコソフスキーに述べる。

> 「友よ、打ち明けなければならない。私の人生は地獄だった、患者たちの抱く死の想念がいつも私には耐え難いものだった。とりわけ、それが生きることの二つの大きな喜びの中に、すなわち若いことの喜びと、生命を生み出すことの喜びの中に忍び込んでくる時には」

オリバー・ウェンデル・ホームズ　Oliver Wendell Holmes, 1809-1894
米国マサチューセッツ州ケンブリッジ生まれ。ハーバード大学医学部卒。医師、詩人。ゼンメルワイスより4年前に、産褥熱の原因を医師が患者から患者へ運ぶという仮説（伝染性）を唱えていた。出典：https://en.wikipedia.org/wiki/Oliver_Wendell_Holmes_Sr.

しかし彼の本当の地獄はこれによって解放されたわけではなく、ここから始まるということを彼自身予想していただろうか。彼は当時若干29歳、当事者として悩むことに加え、これまでの既成の体制に独りで立ち向かわなければならなかった。

歴史的に俯瞰すると、ホームズの論文からゼンメルワイスの仕事までの10年間に、つまり1840年代にイギリスやオーストリアなどで新しいパラダイムが生まれる素地ができ上がりつつあった。科学の発展は天才によって新しい扉が開かれることもあるが、多くの場合、その時代の科学の総和として沸点に到達し、新しいパラダイムが拓けてくる。ゼンメルワイスはちょうどそのような時代に、ウイーン総合病院の病棟で診察していた。

新しいパラダイムの先駆者

ゼンメルワイスの業績は、今では歴史の中に歴然たる地位を占めているが、産褥熱の原因の大発見は幻想によるものではなく、統計的データに基づいた科学的根拠によるものであった。また上述したように、彼は新しいパラダイムの萌芽期に偶然出会わせた。彼はこれまで提案されていたすべての仮説を検証し棄却して、産婦や新生児、友人ヤコブ・コレチュカを死なせた原因は、形態学的にも、かつ臨床学的にも、その死体の中に存在する「実体」であることを突き止めた。彼は、これを「膿血症」という概念で説明しようとした。

彼の発見は当時、臨床的にしか証明することができなかった。この実体の解明には、彼の死後に発展した細菌学の勃興を待たなければならなかった。細菌学は彼の学説が正しいことを証明しても、否定するもので

エドアード・ルンペ　Eduard Lumpe, 1813–1876
ウイーン総合病院産婦人科病棟でクライン教授の助手として働いた産婦人科医。ゼンメルワイスの理論には反対の立場を取っていた。出典：https://en.wikipedia.org/wiki/Eduard_Lumpe

はなかった。そして現在では、ゼンメルワイスは「母親の救世主」、そして「細菌学の予言者」と呼ばれるようになっている。

上述のジョン・スノーも実際は「細菌学の予言者」であった。二人の予言者が研究成果を発表してから10〜20年後に、コッホやパスツールらの細菌学の創始者が現れ、新しい時代がスタートする。その歴史の中で、ゼンメルワイスの予言者としての役割が歴然と輝く。彼は古いパラダイムの壁を壊して、新しいパラダイムの扉を今にも開こうとしていたのである。

ゼンメルワイスは産褥熱が感染性であり、伝播性であることを突き止めたが、より重要なことは、それを簡単な方法で予防する手段を明確に提示したことである。しかしながら、その方法の詳細が明らかにされないこともあって、医学界でそれはなかなか受け入れられなかった。また彼の説によれば、医師は一人の患者から別の患者を診察する時に、手洗いをしないことで患者を感染させ、死なせているということを示唆するものであった。

産褥熱が伝染性の病気であると報告したのは、ゼンメルワイスが初めてではない。流行性産褥熱に関する論文（Treatise on the Epidemic Puerperal Fever；1795年）において、前軍医のアレキサンダー・ゴードンは、「産褥熱は医師や助産師によって、患者から患者に伝染する病気である」「私自身が多くの女性へ感染を運んでいる張本人であると告白することは、真に不本意な宣言である」と述べている。彼は、感染を予防するために、感染している患者の着物とリネンを焼き捨てるべきであると推奨している。医師や助産師も自分らの着物を頻繁に交換し、そしてよく体を洗い、また自分たちの着物も燻蒸消毒すべきであるといっている。

しかし残念ながら、ゴードンは無視された。ホームズと同じように、ゼンメルワイスは別々に（独立に）、自分では言いづらい発見を行なっていた。いつの時代でも先駆者の苦労は大きい。

意図しない疫学的介入実験

　ゼンメルワイスは、第一産科病棟では、医師や医学生が剖検室から病棟へ直行し、分娩中の妊婦を内診していることに問題があることを突き止めた。医師や医学生の手を介して、疾患を引き起こす“何らかの未知の物質”が、遺体から妊婦に移っているのではないかとうすうす疑っている時に、友人ヤコブ・コレチュカが、剖検中に誤ってナイフで手を傷つけたことがもとで死亡した事件が起こっていた。死体の“何らかの未知の物質”が傷口を介して体内に侵入し、敗血症を引き起こし、産褥熱の病気をもたらしているのではないか。つまり、それが犯人（原因）ではないか——。ヤコブの死亡の原因もこれなら十分に説明がつく。

　ゼンメルワイスはここ数年悩み続けていたモヤモヤから突然解放され、事件の核心へと一気に迫っていくことが感じられた。疑いはだんだん確信へと高まっていった。「犯人逮捕」の文字が頭をよぎった。

　そして、ゼンメルワイスは、この経験に基づいて、産褥熱を防止するために、医師や医学生に、剖検後は、妊婦の診断を行なう前に、爪の間もブラシでこすって、必ず手を洗うことを義務づけた。その結果、第一産科病棟の死亡率は、ほぼ第二産科病棟と同じレベルにまで低下した。

　しかし、ゼンメルワイスの後任のブラウン医師は、彼の説を受け入れず、手洗いを廃止したので、第一産科病棟の妊婦死亡率は再び上昇した。介入を止めたら病気が再び蔓延したということは、手の汚染と産褥熱の因果関係をさらに裏づけるものであった。これはまた皮肉にも意図しなかった疫学的介入実験であった。

　このような意図しない疫学的介入実験は時々発生する。私が一時研究していた「水俣病」においても同じことが起こっていた。水俣病と工場排水が疑われ、だんだんと核心に迫ってきた時に、当時のチッソ工場はその排水口を水俣川の河口から工場の反対側の有明海（不知火海）へ変更することになった。その変更によって、原因物質の「メチル水銀」が不知火海に広く拡散し、被害を広げる結果となった。これも意図しなかった悲劇的な疫学的介入実験である。

人の目を一時的にごまかせても、真実を覆い隠すことができないことを歴史は私たちに教えている。他人を騙せても自分を騙すことはできないように——。

一方で、ごまかされているあいだ、また騙されているあいだに、多くの人たちが被害者になっていることも私たちは忘れてはならない。その被害者の大部分は残念ながら、社会的にたまたま弱い立場におかれた人たちであることを、歴史は私たちにいくつともなく教えている。

ゼンメルワイスは急ぎすぎた

ゼンメルワイスの逸話は、エビデンスに基づく予防対策を社会や医学界に認めさせることのむずかしさについて、今日に通じる教訓を残している。原理を提示するだけではなく（彼はそれも怠っていたが）、予防対策の介入を容易に実施できる社会環境づくりも重要であることを示している。実際は、後者のほうがよりむずかしい。

上述のように、ウイーン産科病棟は70年近くにわたって、偶然にも、いろいろな点で大きな疫学的実験を試みていたことになる。結果として、それは不幸な試みで、多くの若い生命が奪われていた。また彼らは若いために、高いリスクに曝されているわけではなく、病院というリスクの高いところでしか子どもを産む選択肢がなかったのである。少なくとも西欧において、病者に"癒し"と"恵み"を与える場である病院の起源は、浮浪者や精神疾患者の収容所であったことに遡る。

当時、貴族や裕福なブルジョアジーの婦人は自宅で出産した。いろいろな事情で通常に結婚できない状況におかれた女性が妊娠した場合に産科病院に連れていかれた。それ以外のオプションがないので、妊婦は自分から病院に行った。子どもを腹に宿した、祝福されぬ女性として……。産科病棟は女性の収容所であった。

彼女らは病院という逃げ場において、路上出産よりも高いリスクに曝されていた。妊娠・出産という、人生において初めてのおめでたいドラマと独りで対峙していた。産む以外に方法はないが、そのリスクは命を賭けた挑戦であった。新しい生命も祝福される存在ではなく、母親と同

様、その将来は神のみが知ることであった。

　原因を解明した人も、また犯罪に加担していたかも知れないとうすうす感じていた人たちも、結局は、時代の大きな波にのまれていた。ゼンメルワイス自身その大海原の中で、苦しみ悩み、結局、壮絶な死を遂げる。

　ゼンメルワイスは事実にきわめて忠実で、逃げることを嫌った。彼は自分のために、逃げることを拒んだのではない。しかしながら、逃げないことで失ったことも大きかった。逃げない態度は非常にナイーブで初々しい。それは彼の最大の魅力であり、また欠点でもあった。その闘いの中には彼の個人的なアジェンダ（課題）はいささかも見られない。そのような彼の一途さを批判する人は誰もいないだろう。

　しかし、ゼンメルワイスは急ぎ過ぎた。「速く行きたければ一人で行き、遠くへ行きたければ一緒に行け」（Fast alone, far together）とはアフリカのことわざだが、彼は急ぎ過ぎたがために一人で走ってしまった。

　住民を巻き込んでの公衆衛生の目標達成のためには、一人ではなく一緒に挑戦しなければならない。大きなことをやり遂げる時や、長い期間にわたって実践する時は、仲間の助けが不可欠だ。仲間やグループで挑戦し協働していると、本来の目的の先のものが見えてくる場合もある。遠くへ行きたいなら、みんなで行きなさい！

疫学する心

　もう一度いう。「速く行きたければ一人で行きなさい」（If you want to go fast, go alone）。「遠くまで行きたければ一緒に行きなさい」（If you want to go far, go together）と。

　地域の住民や国民を対象とする公衆衛生は、その定義にあるように、地域の「組織」された活動を通じてこそ実践できる。疫学と公衆衛生学の大きな違いはその活動において顕著である。疫学は主に科学的なエビデンスを創造する学問であり、公衆衛生学はこれを基に実践する学問である。両者は補完的で、一つが欠けても十分な成果を得がたい。そして公衆衛生活動を展開するために、「住民の参加」が絶対に不可欠である。

「市民参加」といってもいい。しかし、「市民」と「住民」を区別しようとする試みもある。前者はイデオロギー性が高くインテリで、後者は土着性が高く生身の人間であると。しかし、この区別はあまり意味がない。私は「市民」も「住民」も、行政に対して、地域に住んでいる当事者と定義する。「住民参加」とは、当事者たちの生活に影響を及ぼす政策の形成や執行に、当事者が最初から終わりまで、つまりすべての「政策過程」に直接参加して意思表明することである。

科学の一分野である「疫学」の役割はまた、データに基づいて未来を予測し、住民に必要な施策を提案・還元していくことである。科学誌やメディアなどに自己表現することだけに重きをおき、その基本を忘れている研究者もいないわけではない。そのような研究者にかぎって、それらの研究に多くの税金が使われていることを失念している。

疫学調査から生まれるデータは中立で、色がついていない。公衆衛生活動を実践するかどうかの意思決定と方法、政策を開発するためには、それに色を付ける必要がある。同じデータでも見方によって、白にも黒にもなる。色の種類はそれらを解釈し、評価する人たちの価値観や哲学に依存する。それゆえ、私たちは一人ひとり、社会正義に則った「疫学する心」を養うことが必要である。これは著者が第1章で述べた「第四の目」、自分のあるいはグループの目を鍛えることから育つ。

限られた紙面に、ゼンメルワイスの業績のすべてを収めることはほとんど不可能であるので、私の視点から、その一部を、紹介することにとどまった。よって、読者の皆様は、これを機会にゼンメルワイスを通じて「歴史」（His-Story）を学び、そしてそれを糧に、これから「疫学」に目覚め、「予防医学」を実践し、新しい「自分の領域」（Your-Story）を切り拓いていただきたいと願っている。また私たちの人生も文化も、たとえば「手洗い」一つとっても分かるように、多くの重複した「ストーリー」（Overlapping Stories）からなっている。文化や宗教、国、人について「シングルストーリー」（Single Story）だけを聞く、聞かされる危険性についても考えなければならない。シングルストーリーの話し手は一般的に権力のある、ふつうの人より上の人である。それだけでも私

たちは慎重にならなければならないが、シングルストーリーはステレオタイプの固定概念を植えつけ、それ自体真実から遠く不完全であることも多い。そして、人間の尊厳を奪い、人間が平等であると考えるのを妨げる。また類似点よりも差異を強調する。私は、自分のストーリー（My Story）を、ステレオタイプに陥らないで多様性を包摂した菩薩のような慈愛に満ちたものにしたいと思っている。

疫学の未来

　私はゼンメルワイスから多くのことを学ぶだけでなく、疫学の将来に向けても思いが水のように湧き出てくる。過去を、過去の出来事を、私たちは忘れてはいけない。未来の方向性を失わないためにも、私たちは先人たちの足跡を訪ねて歴史を正しく学ぶことが重要である。正しい歴史を未来に正確に紡ぐことを怠る国や家族、人には将来がないように思う。歴史はまさに未来の鏡である。むしろ過去に未来があって、未来に過去がある。

　臨床疫学を初めとする多くの疫学研究は、すべてのポピュレーションの健康・福祉・介護、そして幸福に寄与できる根拠に基づいたデータを生み出す生産機である。疫学調査や研究は医療倫理に則って、地域の人々とともに行なわれる。その計画から実践、データ解釈、評価、予防対策や政策への応用まで、膨大な力仕事をこなさなければならないが、非常に楽しい専門的作業である。

　現代の疫学は感染症の疫学から始まってすでに150年の年輪を重ねてきた。統計学や社会学、行動科学などからゲノムを組み込んで総合科学としての役割を十分に果たしつつある。一方で、現代社会における健康問題を含む多くの社会現象はますます複雑化してきている。

　疾患コホート[*1]におけるゲノム解析に加え、ゲノムコホート[*2]を構築して、近い将来、ゲノムに基づいたコホート研究[*3]が行なわれるようになるだろう。ゲノムコホートでは、疾患発症前の健常者集団のゲノム情報をあらかじめ登録し、疫学的手法を用いて長期にわたる追跡が行なわれ、疫学的プロファイルに基づいた健康像が明らかにされる。その

研究には膨大な資金と時間がかかるだろう。大学の一つの教室の研究としてではなく、おおかた国家プロジェクトあるいは国際的な共同研究として実施されていくのであろう。

　また、近い将来、レセプトや病院の包括診療情報、調剤薬局の薬剤情報などの「ビッグデータ」を連結し用いて、医療評価や予防ができる体制が整うであろう。つまり「ゆりかご」から「墓場」までのライフコースのデータがつながって、数十年の時間とコストがかかるコホート研究の必要性が減るかもしれない。

　現在、隆盛を誇っている権威者は往々にして従来のパラダイムに執着し、新しいパラダイムの扉を拓くことに躊躇する。ビッグデータを活用するということは何となく、病院の地下に眠っていた膨大なデータに目をつけて、新しいパラダイムを確立したゼンメルワイスのやり方を想起させる。

　集団を研究すると疫学者が主張するにも関わらず、疫学者の究極の関心は、個々人に起こっている健康、疾病、死亡にある。疫学が本来得意としている集団の健康から「個」の健康、そして予防にもつながると期待される半面、「個」の健康が上がれば、集団の健康も当然上がると推測するのは危険である。

　個人の遺伝子、mRNA、タンパク質、代謝産物、画像などのバイオマーカーを用い、将来起こりやすい病気を疾患の発症前に診断・予測し、介入するという「予防医療」（先制医療）と相まって、未来のゲノム疫学は、高齢化に伴い高騰する医療費・介護費の抑制に加え、治療成績の向上や健康寿命の延長も見込まれるものの、その利益が「個」の健康から「集団」の健康に一概に滴り落ちるかどうかは今のところ不明である。ゲノム疫学が医療の公平性などに悪影響を与えるとすれば、それは本末転倒である。

　　＊1：コホート、Cohortとはラテン語で「囲い地、一団」を意味し、医学では、ある一定の特性を共有する群、グループ、あるいは集団を表す。よって、疾患コホートとは信頼できる方法で診断された特定の病気を持つ患者群あるいは集団のことを言う。疾患コホート・ゲノム研究では、その集団（コホート）のゲノム（染色体のDNAに含まれるすべての遺伝情報）で高頻度に検出されるDNA変異を探すことにより、疾患感受性遺伝子

を同定し、疾患の遺伝的リスクファクターを検出する。

＊２：ゲノムコホートとは、全ゲノム塩基配列および疫学的情報（人口学的データや生活習慣、環境など）を発症前に集めた健常人の集団を言う。

＊３：ゲノムコホート研究とは、このゲノムコホートを前向きに追跡して、そのコホートの人たちが経時的にどのような健康過程を辿るかを検証する研究のことである。

さいごに

　そろそろ本当に最後になった。ゼンメルワイスの壮絶な闘いを通して、若い人たちを疫学の道へ案内することに努めた。

　自分の力が十分でないことを承知で、無謀にも大きな岩に向かって突進した。鉄のように硬い岩に穴を開けるまでにはならなかったが、それにはね返されて自滅することもなくここまで来ている。この挑戦は私の中で自分をさらなる新しい高みへの闘いを誘発するものになった。「健康」の概念も、単に身体的に、精神的に、そして社会的に調和のとれた良い状態だけではなく、近い将来、"スピリチュアル"な側面も包含するより包括的なものに発展する可能性がある。その健康は、限られた地球環境において、私たちが持続可能な発展をつかさどるための適応力を推進する大きなエネルギー源になるであろう。推進力をさらに強めるためには、公平性や平等性、人権、ジェンダーなどの社会の風を積極的に吹かせることも肝心である。

　疫学は医療倫理に、そして科学的根拠に基づいた有効なデータを生産することを通して、人間の、地球の健康の基盤を構築するのに引き続き貢献するであろう。

　感染症から慢性疾患、生活習慣病へ研究の対象が拡大し、将来は人工頭脳などによる職業の役割分担からくる人間の精神的健康度なども問題になることが予想される。介護現場で活躍するロボットと人間のつながりに派生するそれぞれの（精神的）健康度の調査研究などはその一つであろう。また、多くの人や動物が人工衛星に乗って地球を回るどころか、月面で生活するようになるかもしれない。そうなると、疫学者が宇宙に飛び立つ日もそう遠くなさそうだ。

　2015年は、国連のミレニアム開発目標が終了し、2030年に向けた「持続可能な開発のためのアジェンダ」が新たに国連総会で採択された。そ

れは地球と人間を中心とした繁栄と平和、それを繋ぎ止めるグローバル・パートナーシップを目指して、貧困や飢餓の撲滅から健康的な生活、ウェルビーイング（Wellbeing）、持続的な発展、地球温暖化、安全な水と衛生などのグローバル課題まで、17分野における「持続可能な開発目標（SDGs）」と実現するための169のターゲットを定めている。

　疫学は今後、これらのグローバル課題、たとえば「あらゆる形態の貧困の撲滅」（1日を1.25ドル未満で生活する極度の貧困をあらゆる場所でなくすること：ターゲット1）の問題の解決に貢献できるだろうか。SDGsは貧しいアフリカやアジアの国のためではなく、不平等の削減や地球環境の改善など、わが国の発展にも直接・間接に深く関係しているのである。

　私たちは自分たちが専門とする疫学的手法および疫学の心をもって、これらのグローバル課題の解決に向けて挑戦し続けるだろう。若者がそれらの課題が他人事ではなく、まず自分のたちの問題であることを認識し、「持続可能な社会」づくりに積極的に貢献してほしい、と私は願っている。

　詳細は別の機会に譲ることにして、疫学のビジョンや方法、研究対象もアウトカムの範囲も今後さらに拡大していくことが考えられる。この傾向が引き続き踏襲されると、疫学の未来は明るく、そのポテンシャルは大きい。若い疫学者や現在およびこれから疫学を学ぼうとしている学生の心を、疫学は、捉えて離さないであろう。本書がその入門の一助になれば、筆者の望外の喜びである。

参考文献

1. カール・G・ヘンペル、黒崎宏訳、『自然科学の哲学』、培風館、1967
2. L. F. セリーヌ、菅谷暁訳、『ゼンメルヴァイスの生涯と業績』無量寿＋倒語社、1981
3. Ignaz Semmelweis, 『The Etiology, Concept, and Prophylaxis of Childbed Fever』, Translated by K. Codell Carter, The University of Wisconsin Press, 1983
4. 南和嘉男、『医師ゼンメルワイスの悲劇―今日の医療改革への提言』、講談社、1988
5. R.M.ロバーツ、安藤喬志訳、『Serendipityセレンディピティ―思いがけない発見・発明のドラマ―』、化学同人、1993
6. 井山弘幸、「病院で手を洗う習慣をつくった男」、『科学史の事件簿』、pp179-190、朝日新聞社、1995
7. Julie M. Fenster, 「Ignaz Semmelweis-Too much trouble」『Mavericks, Miracles, and Medicine―The pioneers who risked their lives to bring medicine into the modern age』pp75-90, Carroll & Graft Publishers, 2003
8. Sherwin B. Nuland, 『The Doctors' Plague: Germs, Childbed Fever, and The Strange Story of Ignaz Semmelweis』(Great Discoveries), Atlas Books, 2003
9. 赤川元昭、「仮説構築の論理―消去による帰納法―」、『流通科学大学論集―流通・経営編』22（2）149－163、2010
10.青木國雄、『予防医学という青い鳥』中日新聞社事業局出版部、2010

213

付録 1　イグナッツ・フィリップ・ゼンメルワイスの履歴

年次	事項	備考
1818 年 7 月 1 日	ハンガリー・ブダペスト・ターバン (Taban) に生まれる。ドイツ系商人の第 5 子（9 人または 10 人兄弟）。両親は Jozsef &Terezia Muller Semmelweis。	父 Jozsef は裕福な食料雑貨商。家族は家ではドイツ語方言を話した。ゼンメルワイスはハンガリー語に堪能。
1835-1937 年（17 － 18 歳）	ベスト大学で「哲学」を学ぶ。	知識をすし詰めされて、自分というものを考えるゆとりがなかった。
1837 年 11 月 4 日（19 歳）	ウィーン大学法学部入学。	当時のブルジョワー家族にとって、法科は将来の選択肢（役人なることも含め）の幅が広いということで好まれた。父親は軍隊の判事になることを望んだ。
1838 年（20 歳）	ウイーン大学医学部に編入する。	友人の医学生に解剖実験を見にくるように誘われた。この剖検の実習を観察した後、直ちに医学部に変更することを決意する。
1839 － 1841 年（21 － 23 歳）	ウイーンで 1 年医学を勉強した後、1839 年の春ベスト大学に戻り 2 年間医学を勉強。	兄弟が多かったので経済的理由でベストに戻ったと思われる。
1841 年秋（23 歳）	ウイーン大学医学部に戻る。	
1844 年 2 月（26 歳）	ウィーン大学医学部全卒業単位修了、12 ページの学位論文提出、学位授与される。	
4 月	母親の死。ブダに帰省。卒業延期。	彼は大学の友人に帰省の事実を知らせることなく帰省したので、多くの人たちに不快を与えた。ウイーン大学医学部卒業式は非常に重要・おごそかなもので、簡単にキャンセルすべきものではなかった。
4 月 21 日	医学士の称号を得る。	
	卒業後、法医学や内科・皮膚科でのポストを志願するも得られず、専門を産科に変更する。	
8 月 1 日	助産におけるディプロマを取得後、ウイーン総合病院第一病棟で実践的産科研修を 2 度受けてから、クライン教授に病院助手（産科）を志願するもポスト得られず。しかし、ポストの志願者として認められた。	病棟や剖検室で熱心に働いた。ロキタンスキー教授の病理解剖室で、産科から送られてきた死体について毎朝、病理解剖を行なった。その後、産科病棟に直行した。
1845 年 11 月 30 日（27 歳）	外科の博士号授与される。	「診断、死亡、そして解剖」を合言葉に病理解剖に明け暮れた。スコダ博士の助手のポストに応募、しかし叶わず。
1846 年（28 歳）	父親が死亡。	
1 月 10 日	産科学の博士号授与される。	

年次	事項	備考
2月27日	クライン教授の第一産科病棟の臨時助手に採用される。	
7月1日	ウイーン総合病院産科助手に任用される。(28歳の誕生日)	
7月14日	「私が探し求めている病原は我々の病棟内にある。他のどんな場所にもない」	
10月20	クライン教授に解雇される。	1846年7月1日から10月20日までの約4か月間助手として働く(第一期)。その年の冬から翌年の春までダブリンに留学する。
1847年2月(29歳)	助手のポストが空く。	ブライト博士がチュービンゲン大学医学部婦人科教授に就任する。
3月2日	友人2人とともに、ダブリンを離れる。帰国途中ベニスに立ち寄る。	
3月	ヤコブ・コレチュカ教授死亡。	
3月20日	助手に再任される。	ブライト博士がチュービンゲン大学医学部産科教授に就任したため、助手に再任される。これから1849年までの約2年半を第二期とする。
5月後半から	患者に物理的に接する医療従事者全員に塩素水による手洗いを推奨する。	原因究明そして予防対策(両手の消毒)を発見する。
12月	ゼンメルワイスの発見をヘブラ皮膚科教授が主審する雑誌の論説に掲載(1回目)。	
1848年(30歳)	消毒を両手から機器に拡大する。	
4月	ゼンメルワイスの発見をヘブラ皮膚科教授が主審する雑誌の論説に掲載(2回目)。	
11月	C.H.G. Routh(第一病棟でのゼンメルワイスの研修生)が彼の発見を英国で講演する。(1849年雑誌に掲載される)。	
1849年(31歳)	Freidrich Wieger(第一病棟でのゼンメルワイスの研修生)がゼンメルワイスの発見をフランス・ストラスブルグ雑誌に掲載する。	
1月	スコダ博士が、ゼンメルワイスの発見の実践的応用性と統計的根拠を調査する委員会を設置するように、ウイーン大学医学部に提案する。	最終的にこの提案は採択されず。
2月23日	Carl Haller、ウイーン総合病院非常勤部長代理がゼンメルワイスの発見をサポートする講演をする。	1849年に出版される。

年次	事項	備考
3月20日	厚生大臣が任期切れを理由に解雇する。	2度目の解雇（第二期の終わり）。ブラウン博士がポストを引き継ぐ。
	ゼンメルワイスは臨床教員のポストを要請する。	
	スコダ博士がゼンメルワイスの成果を再現するために動物実験を実施することを勧める。	
10月18日	スコダ博士がゼンメルワイスの成果の実用性を高く評価する講演を行なう。	この年の末、講演内容が医学誌に掲載される。
1850年2月（32歳）	臨床教員のポストの要望書を再提出する。	
3月	要望書が3月開催の教授会で承認される。	
5月15日	ウィーン医学協会公開討論会でゼンメルワイスが彼の発見を発表する。	6月、7月にも続けて発表。
7月15日	ヨハン・チアリ博士（1842－1844年第一病棟の助手、ゼンメルワイスの教師であり、かつクライン教授の婿）がゼンメルワイスの業績を称える。	
	Dr Theodor Helm ウイーン総合病院病院長代理も同様に彼の業績に拍手を送る。	
10月10日	臨床教員のポストを得るも、人体解剖は許可されずマネキンを使用することを義務づけられる。	ゼンメルワイスはこれ以上の侮辱にはもう耐えられなかった。
10月15日	ウイーンを離れ、ブダペストに向かう。	ゼンメルワイスはウイーンでもうこれ以上の意気消沈に耐えられなかった。スコダ博士やロキタンスキー博士らを失望させ、彼らと断絶する。その後数年間、彼は沈黙する。
1851年5月20日（33歳）	ハンガリー・ペストの聖ローカス病院産婦人科に勤務する。	1857年6月まで6年間。
1855年7月18日（37歳）	ペスト大学医学部産婦人科教授に就任する。(Professor of Theoretical and Practical Midwifery in the University of Pest)	
1856年4月（38歳）	クライン教授死す（ウイーン）。	
	裕福なブダ・シュヴァーベン商人の娘マリア・ヴィーデンホファー(Maria Wiedenhoffer) 20歳と結婚する。	
12月5日	クライン教授の後任にブラウン博士が就任する。	

年次	事項	備考
1857 年 6 月 11 日（39 歳）	スイス・チューリッヒ大学医学部産婦人科教授の誘いを断る。	
1958 年（40 歳）	ついに 10 年間の沈黙を破り、ペスト医学会で一連の講義（1 月 2 日、1 月 23 日、5 月 16 日、7 月 15 日）を行なう。	これらの講義はその後ハンガリー医師会雑誌にハンガリー語で掲載される。
10 月 14 日	第一子誕生。	1858 年－1864 年の間に 5 人の子どもに恵まれた。しかし最初の 2 人の息子は幼児期に死亡。唯一残った 1 人の息子ベラは 1885 年、20 歳で自殺する。
1859 年（41 歳）	1859 年春、重い腰をついに上げて、ドイツ語で論文執筆を開始する（約 1 年半後に完成）。	
1860 年（42 歳）	英国の人たちの考え方と自分の概念の違いを発表。『産褥熱の原因、概念および予防』の執筆が完成する。	本の序文には「1860 年 8 月 30 日、ペストにて」と記されている。
1861 年（43 歳）	543 頁の『産褥熱の原因、概念および予防』を出版する。	
1862 年（44 歳）	1862 年後半から不可解な行動が増える。	
1865 年（47 歳）	最後の教授会（7 月 21 日）において、予定されている教室の講師ポストの説明ではなく、助産師の宣誓を読み上げる。	
7 月 29 日	妻 Maria と末娘 Antonia、叔父、助手 Istvan Bathoryga が同行してウィーンに向けて夜行列車で出発する。	
7 月 30 日	ヘブラ教授が彼らをウイーン駅で迎える。	精神病院に入院する。
8 月 13 日	精神病院にて死亡。	

付録2　ダブリン産科病院（1784 〜 1849）とウィーン産科病棟（1784 〜 1858）における年次別出産数、死亡数（産褥熱）、および死亡率

注：死亡数（死亡率）は、産褥熱による妊産婦死亡数（死亡率）

年次	ダブリン産科病院 出生数	死亡数	死亡率(%)	ウィーン産科病棟 出生数	死亡数	死亡率(%)
1784	1,261	11	0.87	284	6	2.11
1785	1,292	8	0.62	899	13	1.45
1786	1,351	8	0.59	1,151	5	0.43
1787	1,347	10	0.74	1,407	5	0.36
1788	1,469	23	1.57	1,425	5	0.35
1789	1,435	25	1.74	1,248	7	0.56
1790	1,546	12	0.78	1,326	10	0.75
1791	1,602	25	1.56	1,395	8	0.57
1792	1,631	10	0.61	1,579	14	0.89
1793	1,747	19	1.09	1,684	44	2.61
1794	1,543	20	1.30	1,768	7	0.40
1795	1,503	7	0.47	1,798	38	2.11
1796	1,621	10	0.62	1,904	22	1.16
1797	1,712	13	0.76	2,012	5	0.25
1798	1,604	8	0.50	2,046	5	0.24
1799	1,537	10	0.65	2,067	20	0.97
1800	1,837	18	0.98	2,070	41	1.98
1801	1,725	30	1.74	2,106	17	0.81
1802	1,985	26	1.31	2,346	9	0.38
1803	2,028	44	2.17	2,215	16	0.72
1804	1,915	16	0.84	2,022	8	0.40
1805	2,220	12	0.54	2,112	9	0.43
1806	2,406	23	0.96	1,875	13	0.69
1807	2,511	12	0.48	925	6	0.65
1808	2,665	13	0.49	855	7	0.82
1809	2,889	21	0.73	912	13	1.43
1810	2,854	29	1.02	744	6	0.81
1811	2,561	24	0.94	1,050	20	1.90
1812	2,676	43	1.61	1,419	9	0.63
1813	2,484	62	2.50	1,945	21	1.08
1814	2,508	25	1.00	2,062	66	3.20
1815	3,075	17	0.55	2,591	19	0.73
1816	3,314	18	0.54	2,410	12	0.50
1817	3,473	32	0.92	2,735	25	0.91
1818	3,539	56	1.58	2,568	56	2.18
1819	3,197	94	2.94	3,089	154	4.99
1820	2,458	70	2.85	2,998	75	2.50
1821	2,849	22	0.77	3,294	55	1.67
1822	2,675	12	0.45	3,066	26	0.85
1823	2,584	59	2.28	2,872	214	7.45
1824	2,446	20	0.82	2,911	144	4.95
1825	2,740	26	0.95	2,594	229	8.83
1826	2,440	81	3.32	2,359	192	8.14
1827	2,550	33	1.29	2,367	51	2.15
1828	2,856	43	1.51	2,833	101	3.57
1829	2,141	34	1.59	3,012	140	4.65
1830	2,288	12	0.52	2,797	111	3.97
1831	2,176	12	0.55	3,353	222	6.62
1832	2,242	12	0.54	3,331	105	3.15

年次	ダブリン産科病院 出生数	死亡数	死亡率(%)	全体 出生数	死亡数	死亡率(%)	第一病院 出生数	死亡数	死亡率(%)	第二病院 出生数	死亡数	死亡率(%)
1833	2,138	12	0.56	4,090	205	5.01	3,737	197	5.27	353	8	2.27
1834	2,024	34	1.68	4,401	355	8.07	2,657	205	7.72	1,744	150	8.60
1835	1,902	34	1.79	4,255	227	5.33	2,573	143	5.56	1,682	84	4.99
1836	1,810	36	1.99	4,347	331	7.61	2,677	200	7.47	1,670	131	7.84
1837	1,833	24	1.31	4,549	375	8.24	2,765	251	9.08	1,784	124	6.95
1838	2,126	45	2.12	4,766	179	3.76	2,987	91	3.05	1,779	88	4.95
1839	1,951	25	1.28	4,791	242	5.05	2,781	151	5.43	2,010	91	4.53
1840	1,521	26	1.71	4,962	322	6.49	2,889	267	9.24	2,073	55	2.65
1841	2,003	23	1.15	5,478	323	5.90	3,036	237	7.81	2,442	86	3.52
1842	2,171	21	0.97	5,946	720	12.11	3,287	518	15.76	2,659	202	7.60
1843	2,210	22	1.00	5,799	438	7.55	3,060	274	8.95	2,739	164	5.99
1844	2,288	14	0.61	6,113	328	5.37	3,157	260	8.24	2,956	68	2.30
1845	1,411	35	2.48	6,733	307	4.56	3,492	241	6.90	3,241	66	2.04
1846	2,025	17	0.84	7,767	564	7.26	4,010	459	11.45	3,757	105	2.79
1847	1,703	47	2.76	6,796	208	3.06	3,490	176	5.04	3,306	32	0.97
1848	1,816	35	1.93	6,875	88	1.28	3,556	45	1.27	3,319	43	1.30
1849	2,063	38	1.84	7,229	190	2.63	3,858	103	2.67	3,371	87	2.58
1850				7,006	128	1.83	3,745	74	1.98	3,261	54	1.66
1851				7,589	196	2.58	4,194	75	1.79	3,395	121	3.56
1852				7,831	373	4.76	4,471	181	4.05	3,360	192	5.71
1853				7,701	161	2.09	4,221	94	2.23	3,480	67	1.93
1854				7,789	610	7.83	4,393	400	9.11	3,396	210	6.18
1855				6,597	372	5.64	3,659	198	5.41	2,938	174	5.92
1856				6,995	281	4.02	3,925	156	3.97	3,070	125	4.07
1857				8,015	207	2.58	4,220	124	2.94	3,795	83	2.19
1858				8,382	146	1.74	4,203	86	2.05	4,179	60	1.44

期間の注記：病棟分割前および病理解剖導入前の期間／ボーエル教授の担当期間／解剖病理手法の導入／クライン教授の担当期間／病棟分離後男女混合配置／病棟分離後男女分離配置／手洗い導入

資料1．石鹸と水を用いた手洗方法－手洗の全時間は40－60秒

手を流水で濡らす

石鹸液を適量手の平に受け取る

手の平と手の平を擦り合わせる

手の甲をもう片方の手の平で揉み洗う（逆もまた同様、すなわち両手）

指を組んで指の間を揉み洗う

指を組んで指の裏で片方の手の平を揉み洗う

親指をもう片方の手で包み揉み洗う（両手）

指先をもう片方の手の平で回転させながら揉み洗う（両手）

水でよくすすぐ

使い捨てのタオルで満遍なく乾かす

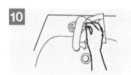

蛇口を閉めるのにタオルを使う

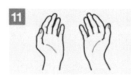

これで貴方の手は安全です！

資料2．アルコールベースの製剤を用いた手洗方法－手洗の全時間は 20 － 30 秒

手の平一杯に製剤を取り、全表面を浸す

手の平と手の平を擦り合わせる

手の甲をもう片方の手の平で揉み洗う（逆もまた同様、すなわち両手）

指を組んで指の間を揉み洗う

指を組んで指の裏で片方の手の平を揉み洗う

親指をもう片方の手で包み揉み洗う（両手）

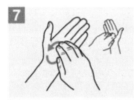

指先をもう片方の手の平で回転させながら揉み洗う（両手）

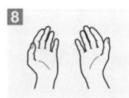

乾いたら、貴方の手は安全です！

資料3　手指衛生のための5つの機会（My five moments）

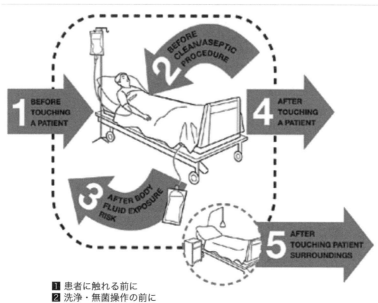

1. 患者に触れる前に
2. 洗浄・無菌操作の前に
3. 体液曝露リスクの可能性の後に
4. 患者と触れた後に
5. 患者の周りにある物に触れた後に

出典：いずれも、「WHO Guidelines on Hand Hygiene in Health Care」(2009)

221

ボックス1　手指衛生に関する研究課題（抜粋）

1　特に医療現場での実用に鑑み、短期の適用時間や容量について、手指衛生の薬剤品の有効性を検証するための新標準化プロトコール（実施計画書）を開発し評価すること。

2　非無菌検査手袋を着用する前の手指消毒は患者への感染予防に効果的かどうかを検証すること。

3　院内感染対策において、ジェルや他の製品に比較して、アルコール主体の溶液がより有効であるかどうかを追試すること。

4　現場にすぐに還元できる手指衛生の遵守率を評価するための、諸々の方法の効用を比較すること。

5　いろいろな集団において手指衛生モニタリング法の結果を比較すること。

6　感染率におけるリスク削減の予測を達成するのに必要な手指衛生遵守の増加率を決定すること。

7　外科用手指製剤のための指針に対する遵守率を評価すること。

8　石鹸の汚染がもたらす影響いついてさらに研究を進めること。

9　緑膿菌や非醗酵性グラム陰性菌による流し台の水道・水栓水汚染および手指汚染に関わる役割を評価すること。

10　手術前の手洗い後のすすぎに伴う再汚染の頻度および術時院内感染の影響を評価すること。

11　ノロウイルスのような病原菌の伝播を予防するに当たってのハンドラブや手洗いの効果を評価すること。

12　手指衛生の製剤に関する実験に使うヒトノロウイルスに対する、もっとも適切な代理ウイルスを特定すること。

13　防腐剤に対する感受性の低下に関するデータを収集し、防腐剤に対する耐性が耐性菌の出現にどの程度影響しているかどうかを評価すること。

14　使用状態におけるトリクロサン耐性の実際上のリスクを評価すること。

15　それぞれの研究課題に関する手指衛生の疫学研究を実施するためのサンプルサイズの要件を確立すること。

出典：「WHO Guidelines on Hand Hygiene in Health Care」（2009年）

おわりに

　本著の企画を立ててからほぼ5年が経過しました。ゼンメルワイスに関する和文資料は少なかったので、本著の大部分は英文の本や資料などに基づいています。それだけに資料収集には時間もかかりましたが、北海道大学大学院医学研究から本学国際本部（現在の国際連携機構）に異動し、新しい仕事に挑戦したこともあって、本著の執筆（完成）になかなかまとまった時間が取れなかったことが今日まで長引いた一因でもあります。

　本は何とか上梓できたものの、関連のデータをもっと総合的にかつ批判的に吟味して、もっと丁寧にかつ詳細に表現したいと思うところもまだまだたくさんあります。しかし一方で、長年の夢が実現されたような、何とも言えない満足感に私は今浸っています。それは、素晴らしい本を世に送りだすことができたということではなく、多くの人たちに支えられて、幾多もの辛苦を乗り越えて私なりに一つの作品の完成に漕ぎつけることができたという喜びから派生しています。

　ところで、ゼンメルワイスは生き方上手ではありませんでした。彼は愚直で自分に誠実過ぎましたが、周りの人たちや他人に対する謙虚さ、気配りには欠けていました。とくに当時のエスタブリッシュメント（学会の保守派、支配者、主流派など）に対しての彼の猛烈な攻撃は尋常ではありませんでした。その結果、彼の直属の上司クライン教授を含め、既成集団の主流派からバッシングを受けます。でも何人かの支援者、理解者がいなかったわけではありません。後者がいなければ、彼の業績は世に出なかったであろう。

　ゼンメルワイスのエスタブリッシュメントに対する反撃は、若い妊産婦そしてその子供たちの悲しい最期を何とかして食い止めたいという、彼の一途の強い信念に基づくものでした。決して自分の名誉や保身のためではありませんでした。

　ゼンメルワイスの生き様から、私たちは多くのことを学ぶものの、「社会に奉仕するとは」「イノベーションをいかに地域の人びとの生活まで

届けるのか」などの新しい課題も見えてきます。グローバル化が急速に進展するこの時代に、地域のため、国のため、世界のために勉強せよ、仕事せよというエリートが多いことにはうんざりですが、まずは「一燈照隅」、一隅を照らすことが大切ではないでしょうか。そして、その一つの灯りを隣の友人のローソクに点火し、その片隅を照らす。それが千、万になれば地域を照らし社会全体が明るくなります（萬燈照国）。これは新しいことを発見する、イノベーションを行なうこととは別の方法であり、違う戦略が必要です。

　ゼンメルワイスはこの戦略をまったく持ち合わせていませんでした。これは、イノベーションを社会に還元することがいかに難しいかを教えてくれます。それも含めて、生き方上手でない、一途なゼンメルワイスの人生は彼の意志とは無関係に、私たちに多くのレッスンを与えました。彼の悲劇的な人生を悲劇として終わらさないためにも、私たちは彼の教えを後生にしっかり伝えていかなければなりません。その思いが本書を執筆する動機の一つでもありました。

　さて、この本の企画の早い時期から、ご相談およびご指導をいただきました、今は亡き同僚、故寺沢浩一北海道大学名誉教授には衷心から御礼申し上げます。本の完成を生前に報告することができなかったことは本当に残念でした。でも、今は、本著の上梓に対して、天国において喜んでおられると確信しております。拙著を寺沢浩一先生に捧げます。

　また、最初から最後まですべての原稿に目を通し、貴重なコメントをいただきました大阪医科大学の臼田寛先生にも感謝の気持ちで一杯です。マラソン走者と同じように、執筆者も街頭からの応援が励みとなって、最後まで走りぬくことができました。改めて御礼申し上げます。

　最後になりましたが、「人間と歴史社」の社長佐々木久夫氏、編集担当の鯨井教子氏には、いろいろと大変お世話になりました。お二人の献身的なご協力とご支援なくして、本書が世に出ることはありませんでした。厚く御礼申し上げます。またお二人をご紹介していただきました、日本大学医学部の早川智教授にもこの場を借りて御礼申し上げます。

2017年1月　玉城英彦

■著者略歴　玉城英彦（たましろ・ひでひこ）
1948年、沖縄県今帰仁村古宇利島生まれ。
テキサス大学公衆衛生大学院博士課程（疫学）修了（PhD）、旧国立公衆衛生院研究課程（公衆衛生学）修了（DrPH）。世界保健機関（WHO）本部伝染病部・世界エイズ対策本部、米国ポートランド州立大学国際招聘教授、北海道大学大学院医学研究科予防医学講座 国際保健医学分野教授などを経て、現在、北海道大学名誉教授・客員教授、北海道大学新渡戸カレッジフェロー、台北医学大学客員教授。著書：『世界へ翔ぶ──国連職員をめざすあなたへ』（渓流社、2009）、『社会が病気をつくる──「持続可能な未来」のために』（角川学芸出版、2010）、『南の島の東雲に オリオンビール創業者具志堅宗精』（沖縄タイムス社、2019）、『Health and Environment in Sustainable Development—Five years after the Earth Summit』（WHO、1997）ほか。訳書：『疫学的原因論』（三一書房、1982）、『疫学・臨床医学のための患者対照研究──研究計画の立案・実施・解析』（ソフトサイエンス社、1985）。編著書：『グローバルリーダーを育てる北海道大学の挑戦』（玉城英彦・帰山雅秀・彁和順、彩流社、2017）、『グローバルリーダーを育てる北海道大学の挑戦II』（玉城英彦・帰山雅秀・彁和順、彩流社、2018）、『刑務所には時計がない　大学生が見た日本の刑務所』（玉城英彦・藤谷和廣・山下渚・紺野圭太、人間と歴史社、2018）、『居場所がない──高齢者・万引き・再犯』（玉城英彦・藤谷和廣・紺野圭太、人間と歴史社、2020）他多数。

手洗いの疫学とゼンメルワイスの闘い

2017年2月28日　初版第1刷発行
2020年4月30日　　　　第2刷発行

著　者	玉城英彦
発行者	佐々木久夫
発行所	株式会社 人間と歴史社
	東京都千代田区神田小川町2-6　〒101-0052
	電話　03-5282-7181（代）／FAX　03-5282-7180
	http://www.ningen-rekishi.co.jp
制　作	井口明子
装　丁	人間と歴史社制作室＋植村伊音
印刷所	株式会社 シナノ

ⓒ 2017 Hidehiko Tamashiro
Printed in Japan
ISBN 978-4-89007-207-1　C0040

造本には十分注意しておりますが、乱丁・落丁の場合はお取り替え致します。本書の一部あるいは全部を無断で複写・複製することは、法律で認められた場合を除き、著作権の侵害となります。定価はカバーに表示してあります。
視覚障害その他の理由で活字のままでこの本を利用出来ない人のために、営利を目的とする場合を除き「録音図書」「点字図書」「拡大写本」等の製作をすることを認めます。その際は著作権者、または、出版社まで御連絡ください。